"十二五"职业教育国家规划教材
经全国职业教育教材审定委员会审定

模拟电路分析制作与调试

新世纪高职高专教材编审委员会 组编
主 编 毛瑞丽 林海峰

U0245005

大连理工大学出版社

图书在版编目(CIP)数据

模拟电路分析制作与调试 / 毛瑞丽,林海峰主编
. — 大连 : 大连理工大学出版社,2015.1(2020.1重印)
新世纪高职高专电子信息类课程规划教材
ISBN 978-7-5611-7030-4

Ⅰ.①模… Ⅱ.①毛… ②林… Ⅲ.①模拟电路—电
路分析—高等职业教育—教材②模拟电路—调试方法—高
等职业教育—教材 Ⅳ.①TN710

中国版本图书馆 CIP 数据核字(2012)第 139979 号

大连理工大学出版社出版
地址:大连市软件园路 80 号　邮政编码:116023
发行:0411-84708842　邮购:0411-84708943　传真:0411-84701466
E-mail:dutp@dutp.cn　URL:http://dutp.dlut.edu.cn
大连日升彩色印刷有限公司印刷　　大连理工大学出版社发行

幅面尺寸:185mm×260mm　　印张:10.25　　字数:231 千字
2015 年 1 月第 1 版　　　　　2020 年 1 月第 2 次印刷

责任编辑:马　双　　　　　　　责任校对:周雪姣
封面设计:张　莹

ISBN 978-7-5611-7030-4　　　　　定　价:29.80 元

总　序

　　我们已经进入了一个新的充满机遇与挑战的时代,我们已经跨入了 21 世纪的门槛。

　　20 世纪与 21 世纪之交的中国,高等教育体制正经历着一场缓慢而深刻的革命,我们正在对传统的普通高等教育的培养目标与社会发展的现实需要不相适应的现状做历史性的反思与变革的尝试。

　　20 世纪最后的几年里,高等职业教育的迅速崛起,是影响高等教育体制变革的一件大事。在短短的几年时间里,普通中专教育、普通高专教育全面转轨,以高等职业教育为主导的各种形式的培养应用型人才的教育发展到与普通高等教育等量齐观的地步,其来势之迅猛,发人深思。

　　无论是正在缓慢变革着的普通高等教育,还是迅速推进着的培养应用型人才的高职教育,都向我们提出了一个同样的严肃问题:中国的高等教育为谁服务,是为教育发展自身,还是为包括教育在内的大千社会? 答案肯定而且唯一,那就是教育也置身其中的现实社会。

　　由此又引发出高等教育的目的问题。既然教育必须服务于社会,它就必须按照不同领域的社会需要来完成自己的教育过程。换言之,教育资源必须按照社会划分的各个专业(行业)领域(岗位群)的需要实施配置,这就是我们长期以来明乎其理而疏于力行的学以致用问题,这就是我们长期以来未能给予足够关注的教育目的问题。

　　众所周知,整个社会由其发展所需要的不同部门构成,包括公共管理部门如国家机构、基础建设部门如教育研究机构和各种实业部门如工业部门、商业部门,等等。每一个部门又可做更为具体的划分,直至同它所需要的各种专门人才相对应。教育如果不能按照实际需要完成各种专门人才培养的目标,就不能很好地完成社会分工所赋予它的使命,而教育作为社会分工的一种独立存在就应受到质疑(在市场经济条件下尤其如此)。可以断言,按照社会的各种不同需要培养各种直接有用人才,是教育体制变革的终极目的。

随着教育体制变革的进一步深入,高等院校的设置是否会同社会对人才类型的不同需要一一对应,我们姑且不论,但高等教育走应用型人才培养的道路和走研究型(也是一种特殊应用)人才培养的道路,学生们根据自己的偏好各取所需,始终是一个理性运行的社会状态下高等教育正常发展的途径。

高等职业教育的崛起,既是高等教育体制变革的结果,也是高等教育体制变革的一个阶段性表征。它的进一步发展,必将极大地推进中国教育体制变革的进程。作为一种应用型人才培养的教育,它从专科层次起步,进而应用本科教育、应用硕士教育、应用博士教育……当应用型人才培养的渠道贯通之时,也许就是我们迎接中国教育体制变革的成功之日。从这一意义上说,高等职业教育的崛起,正是在为必然会取得最后成功的教育体制变革奠基。

高等职业教育才刚刚开始自己发展道路的探索过程,它要全面达到应用型人才培养的正常理性发展状态,直至可以和现存的(同时也正处在变革分化过程中的)研究型人才培养的教育并驾齐驱,还需假以时日;还需要政府教育主管部门的大力推进,需要人才需求市场的进一步完善,尤其需要高职高专教学单位及其直接相关部门肯于做长期的坚韧不拔的努力。新世纪高职高专教材编审委员会就是由全国100余所高职高专院校和出版单位组成的、旨在以推动高职高专教材建设来推进高等职业教育这一变革过程的联盟共同体。

在宏观层面上,这个联盟始终会以推动高职高专教材的特色建设为己任,始终会从高职高专教学单位实际教学需要出发,以其对高职教育发展的前瞻性的总体把握,以其纵览全国高职高专教材市场需求的广阔视野,以其创新的理念与创新的运作模式,通过不断深化的教材建设过程,总结高职高专教学成果,探索高职高专教材建设规律。

在微观层面上,我们将充分依托众多高职高专院校联盟的互补优势和丰裕的人才资源优势,从每一个专业领域、每一种教材入手,突破传统的片面追求理论体系严整性的意识限制,努力凸现高职教育职业能力培养的本质特征,在不断构建特色教材建设体系的过程中,逐步形成自己的品牌优势。

新世纪高职高专教材编审委员会在推进高职高专教材建设事业的过程中,始终得到了各级教育主管部门以及各相关院校相关部门的热忱支持和积极参与,对此我们谨致深深谢意;也希望一切关注、参与高职教育发展的同道朋友,在共同推动高职教育发展、进而推动高等教育体制变革的进程中,和我们携手并肩,共同担负起这一具有开拓性挑战意义的历史重任。

新世纪高职高专教材编审委员会
2001 年 8 月 18 日

前　言

　　《模拟电路分析制作与调试》是"十二五"职业教育国家规划教材,是新世纪高职高专教材编审委员会组编的电子信息类课程规划教材之一,也是北京信息职业技术学院与企业合作共同编写的工学结合改革课程"实用电子电路设计与制作"的配套教材之一。该课程在2008年被评为北京市精品课程。

　　本教材具有以下特点:

　　1.以典型电子产品为载体,培养学生职业核心能力。

　　本教材以"直流稳压电源的设计与制作"和"扩音机的设计与制作"两个典型工作任务(典型电子产品)作为课程的载体,通过"设计电路—制作电路板—调试电路板—安装调试整机"这样一个完整的工作过程,不仅让学生学习模拟电路的基本知识,培养学生设计、制作和调试实用电子电路的能力,同时也使学生了解工作过程的规律,在完成任务的同时掌握工作方法,达到培养学生核心职业能力的目的。

　　两个典型工作任务又分为若干个子任务(项目):

　　典型工作任务一:直流稳压电源的设计与制作

　　该任务包含一个项目:

　　项目1:直流稳压电源的设计与制作(约20学时)

　　典型工作任务二:扩音机的设计与制作

　　该任务包含三个项目:

　　项目2:音频前置放大器的设计与制作(约20学时)

　　项目3:功率放大器的设计与制作(约8学时)

　　项目4:扩音机的安装与调试(约12学时)

　　本课程共约60学时。

　　通过本课程的学习,达到的能力目标为:

　　(1)能正确识别、检测和选用常用电子元器件。

　　(2)能对典型电子电路进行分析和计算。

　　(3)能读懂实用电子电路原理图。

　　(4)能对照不同电路方案分析选择性价比高的电路。

　　(5)能够按照电路原理图在面包板上搭接实用电路。

　　(6)能够按照电路原理图焊接实用电路。

　　(7)熟练使用万用表、信号发生器、示波器等电子测量仪器进行电路基本参数的测试。

　　(8)能够对制作完成的电路进行调试以满足设计要求。

2.校企合作编写,课程载体来源于真实的电子产品。

本教材与北京惠泽伟业电子有限公司共同编写,课程的载体(直流稳压电源和扩音机)均来源于企业,由企业提供电路图和安装流程,企业专家参加部分课程的授课(主要是电路板的制作、调试,整机的安装等)。为了遵循教学规律,教材根据本课程的要求,修改了电路和装配方法,使之更符合学生的认知规律和知识水平。

3.便于实施项目教学,适合在课程改革中使用。

本教材以典型工作任务为主线,以项目为单元,每个项目包括项目说明、项目内容与要求、项目实施、考核与评价标准、延伸阅读等部分。项目说明中,给出了具体任务,包括项目背景、技术指标、要达到的能力目标等;项目内容与要求提出了本项目的知识要求、能力要求和成果要求;项目实施包括知识链接、实操指导、项目制作方法、项目调试方法、产品安装方法等;延伸阅读包括项目实施中没有涉及的理论知识和一些模拟电路新知识,保证了知识的完整性。本教材便于在教学中采用"教学做一体化"的"项目教学法",适合在电子技术课程建设与改革实践中使用。

4.教学资源丰富,提供优质教学服务。

本课程提供丰富的教学资源:课程标准、课程设计方案、项目任务书、项目指导书、授课计划、课程教案、试题库、习题库、多媒体课件、企业应用案例、教学视频、在线答疑等。可通过北京市精品课程网站或北京信息职业技术学院教学资源网站下载、浏览。

5.教材的习题、电路制作和调试方法、产品安装方法等参照"无线电装接工(高级)"和"无线电调试工(中级)"的考核标准,为学生取证做好准备。

6.作者队伍实力强,为编好教材提供保障。

本教材主编从事电子技术教学近三十年,有丰富的教学经验,2007年以来一直致力于电子技术课程的改革,负责的课程"实用电子电路设计与制作"在2008年被评为北京市精品课程,编写的教材曾被评为北京市精品教材。参编教师有丰富的教学经验和实践能力,具有与本课程相关的"无线电装接工""无线电调试工"考评员资格证书及技能竞赛裁判员和高级裁判员资格证书。

本教材由北京信息职业技术学院毛瑞丽副教授、林海峰讲师任主编,北京信息职业技术学院吴虹实验师和北京惠泽伟业电子公司白光宇高级工程师参与编写。具体分工如下:项目1、项目2、项目4由毛瑞丽、林海峰编写,项目3由吴虹编写;白光宇参与项目1、项目4的制作、调试、安装过程。全书由毛瑞丽和林海峰统稿。

本教材适合于高职院校电子、通信、计算机、机电等各类工科专业电子技术类课程的教学使用,也可作为大中专院校师生的参考书。

在编写本教材的过程中,编者参考、引用和改编了国内外出版物中的相关资料以及网络资源,在此表示深深的谢意!相关著作权人看到本教材后,请与出版社联系,出版社将按照相关法律的规定支付稿酬。

由于编者水平有限,书中难免有错漏和不妥之处,欢迎广大读者批评指正。

编　者

2015 年 1 月

所有意见和建议请发往:dutpgz@163.com

欢迎访问教材服务网站:http://www.dutpbook.com

联系电话:0411-84707492　84706104

目 录

项目 1　直流稳压电源的设计与制作

项目说明

1. 项目描述

直流稳压电源是非常典型的、常用的电子产品,几乎所有的电子设备都需要直流稳压电源供电。直流稳压电源种类很多,常用的有三端式直流稳压电源和开关型直流稳压电源。本项目将制作一个输出电压可调的开关型降压直流稳压电源。

2. 技术指标

输入电压:交流 220 V/50 Hz。

输出电压、电流:直流 5~12 V/1.5 A。

3. 能力目标

(1)能够正确识别、检测和选用电阻、电容、二极管、三端式集成稳压器、开关型降压稳压器等元器件。

(2)能够看懂直流稳压电源电路原理图。

(3)能够选择性价比高的电路。

(4)能够按照电路原理图在 PCB 板上焊接电路。

(5)熟练使用万用表进行电路参数的测量。

(6)能够对制作完成的电路进行调试以达到技术指标的要求。

4. 学习环境

实用电子电路设计与制作实训室。

5. 成果验收要求

(1)制作、调试完成的直流稳压电源实物。

(2)项目设计报告。

(3)答辩 PPT。

项目内容与要求

1. 项目内容

(1)查阅电子元器件手册,确定三端式集成稳压器、开关型降压稳压器的管脚功能、典型应用电路及相关参数。

(2)画出三端式直流稳压电源和开关型降压直流稳压电源的电路框图及电路原理图。

(3)根据技术指标要求,选择合适的电子元器件。

(4)按照电路原理图在 PCB 板上正确焊接、调试和安装电路。

(5)答辩时正确回答问题,针对自己焊接的电路提出改进意见。

(6)写出完整的项目设计报告。

2. 知识点要求

(1)半导体基础知识。

(2)二极管的特性。

(3)二极管整流电路。

(4)滤波电路。

(5)三端式集成稳压器典型工作电路。

(6)开关型降压稳压器典型工作电路。

3. 技能要求

(1)会用万用表测试二极管的好坏和极性。

(2)会使用直流稳压电源和示波器测量电路参数。

(3)掌握电路插接方法。

(4)掌握电路焊接方法。

(5)掌握电路制作和调试方法。

项目实施

知识链接 1   半导体基础知识

一、半导体的主要特性

物质按照其导电能力的强弱可分为导体、半导体和绝缘体三类。常见的金、银、铜等金属,是良好的导体。另外一些物质,如橡胶、干木材、陶瓷等,则几乎不导电,称为绝缘体。导电能力介于导体和绝缘体之间的物质,称为半导体。用于制造半导体器件的材料有锗、硅和砷化钾等。

1. 本征半导体的导电性

完全纯净的、结构完整的半导体晶体称为本征半导体,其原子核外层的价电子彼此共用,形成一种所谓的共价键结构。在 $T=0$ K 和没有外界激发时,由于共价键中的价电子被束缚着,所以在本征半导体中,没有可以自由运动的带电粒子——载流子,这时它相当于绝缘体。

但是,半导体共价键中的价电子并不像绝缘体中的电子被束缚得那样紧。如图 1-1 所示,在室温(300 K)条件下,由于热激发,一些价电子获得足够的能量而挣脱共价键的束缚,成为自由电子,这种现象称为本征激发。价电子挣脱共价键的束缚成为自由电子后,共价键中就留下一个空位,这个空位叫作空穴(如图中的 A 处)。空穴的出现是半导体区别于导体的一个重要特点。由于共价键中出现了空穴,邻近的价电子就可以填补到这个空位上(如图中的 B 处电子移到 A 处)。而在这个电子原来的位置上又留下新的空穴,其他电子又可以转移到这个新的空位上(如图中的 C 处电子移到 B 处)。这样就使共价键中出现一定的电荷迁移。

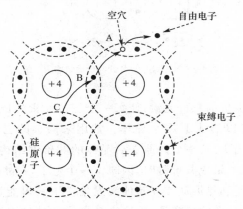

图 1-1　电子和空穴的移动

在本征半导体内,自由电子和空穴总是成对出现的。在没有外加电场的情况下,晶体中空穴和自由电子移动的方向都是杂乱无章的,对外部不显现电流。理论和实践证明:随着温度的升高,电子-空穴对急剧增加,其增加速度遵循指数规律。

在实际的半导体中,除了产生电子-空穴对以外,还存在一个逆过程。自由电子也会释放能量而进入有空穴的共价键,这种同时消失一个自由电子和空穴的现象称为复合。当温度一定时,激发数和复合数相等,从而维持一个动态平衡。

2. N 型半导体与 P 型半导体

在本征半导体中,人为地掺入少量三价元素(如硼、铝等)或五价元素(如磷、砷等),可以使半导体的导电性能发生显著的变化。掺入的元素称为杂质,因掺入杂质的不同,杂质半导体可分为电子型半导体(N 型半导体)和空穴型半导体(P 型半导体)两大类。

(1)N 型半导体

本征半导体中掺入少量的五价元素,使每一个五价元素的原子取代一个四价元素的原子在晶体中的位置,可以形成 N 型半导体。常用来掺杂的五价元素有磷、砷和钨等。如图 1-2 所示为一个磷原子取代一个硅原子后晶体的共价键结构示意图。因为磷原子有五个价电子,它以四个价电子与相邻的硅原子组成共价键后,必定还多余一个价电子。这個多余的价电子只要较小的能量就能挣脱磷原子的吸引而成为自由电子。

磷原子因失去电子而成为正离子，但值得注意的是，它在产生自由电子的同时并不产生新的空穴，这点不同于本征半导体。除了杂质给出的自由电子外，原来的硅晶体本身也会产生少量的电子-空穴对，但自由电子数远大于空穴数。在 N 型半导体中以自由电子导电为主，自由电子称为多数载流子（简称多子），而空穴称为少数载流子（简称少子）。

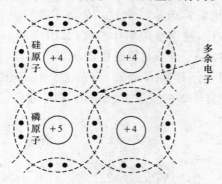

图 1-2　N 型硅半导体的共价键结构示意图

（2）P 型半导体

本征半导体中掺入少量的三价元素，使每一个三价元素的原子取代一个四价元素的原子在晶体中的位置，可以形成 P 型半导体。常用来掺杂的三价元素有硼、铝和铟等。如图 1-3 所示为一个硼原子取代一个硅原子后晶体的共价键结构示意图。硼原子只有三个价电子，它与周围硅原子组成共价键时，因缺少一个电子，在晶体中便产生了一个空穴，当相邻共价键上的电子受到热振动或在其他激发条件下获得能量时，就有可能填补这个空穴，使硼原子成为不能移动的负离子，而原来硅原子的共价键则因缺少一个电子，形成了空穴。

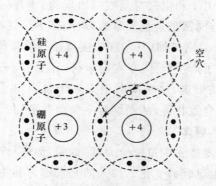

1-3　P 型硅半导体的共价键结构示意图

值得注意的是，它在产生空穴的同时并不产生新的自由电子，这一点也和本征半导体不同。原来的硅晶体本身仍会产生少量的电子-空穴对。在 P 型半导体中，空穴数远大于自由电子数，在这种半导体中，以空穴导电为主，因而空穴为多数载流子，自由电子为少数载流子。

由此可见，在掺入杂质后，载流子的数目都有相当程度的增加。掺入百万分之一的杂

4

质,载流子的浓度将增加一百万倍。因此,在半导体内掺入微量的杂质是提高半导体导电能力的最有效的方法。

3. 半导体的特点

半导体之所以被用来制造电子元器件,是因为它的导电能力在外界某种因素作用下会发生显著的变化。

(1)半导体的电导率会因掺入杂质的不同而发生显著的变化。例如在室温条件下,纯锗中掺入一亿分之一的杂质,其电导率会增加几百倍。各种不同器件在制作时,正是利用了这种掺杂特性来改变和控制半导体的电导率的。

(2)温度的变化也会使半导体的电导率发生显著的变化。利用这种热敏效应,人们制作出了热敏元件。但另一方面,热敏效应会使半导体器件的热稳定性下降,所以应采取有效措施以克服因此造成的电路不稳定。

(3)光照不仅可以改变半导体的电导率,还可以产生电动势,这种现象统称为半导体的光电效应。利用光电效应可以制成光电晶体管、光电耦合器和光电池等。

二、PN 结的导电特性

在一块本征半导体上,通过掺杂使一侧形成 N 型半导体,另一侧形成 P 型半导体,则在两种半导体交界面上形成一个很薄的空间电荷区,叫作 PN 结。PN 结是构成各种半导体器件的基础。

PN 结的形成

PN 结具有单向导电性。当外加正向电压(即 P 区接高电位,N 区接低电位)时,PN 结导通,电路中有较大的电流,称为 PN 结正向偏置(正偏)。此时 PN 结表现为一个很小的电阻,在正常工作范围内,PN 结上外加电压只要稍有变化,便能引起电流的显著变化。

当外加反向电压(即 P 区接低电位,N 区接高电位)时,PN 结截止,电路中有很小的反向电流,在一定温度下,电压增大,其值也几乎不变,称为 PN 结反向偏置(反偏)。此时可认为 PN 结基本上是不导电的,表现为一个很大的电阻。

由此可见,PN 结正向偏置时,正向电阻很小,形成较大的正向电流;PN 结反向偏置时,呈现较大的反向电阻,反向电流很小。这就是 PN 结的单向导电性。PN 结具有单向导电性的关键是它的阻挡层的存在及其随外加电压的变化而变化。

当加于 PN 结的反向电压增大到一定数值时,反向电流突然急剧增大,这种现象称为 PN 结的反向击穿。对应于电流开始剧增时的电压称为反向击穿电压。

PN 结的击穿分为电击穿和热击穿。电击穿时,若反向电压减小到反向击穿电压以下,则 PN 结仍能恢复到原来的状态。稳压管就是利用 PN 结的反向击穿特性而制成的。

当反向电流和反向电压的乘积超过 PN 结允许的耗散功率,就会因为热量散不出去而使 PN 结温度升高,直到过热而烧毁,这种现象就是热击穿。热击穿是不可恢复的,在应用中应尽量避免。

知识链接2 二极管基本特性

在一个 PN 结的两端接上电极引线,外面用金属(或玻璃、塑料等)管壳封闭起来,便构成了二极管。其结构示意图和图形符号如图 1-4 所示。

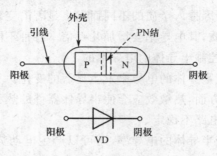

图 1-4 二极管的结构示意图和图形符号

一、二极管的伏安特性和温度特性

1. 二极管的伏安特性

二极管的导电特性实际上就是 PN 结的单向导电性。加在二极管两端的电压和流过二极管的电流之间的关系称为二极管的伏安特性。如图 1-5 所示为硅二极管和锗二极管的伏安特性曲线。

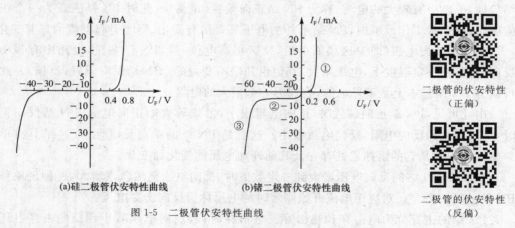

(a)硅二极管伏安特性曲线　　　　(b)锗二极管伏安特性曲线

二极管的伏安特性（正偏）

二极管的伏安特性（反偏）

图 1-5 二极管伏安特性曲线

由图 1-5 可见,二极管两端的电压和流过二极管的电流呈非线性关系,所以二极管的伏安特性曲线是一条非线性曲线。以图 1-5(b)中的曲线为例,可分为三部分,对应不同的特性。

(1)正向特性。对应于图 1-5(b)的①段。当二极管两端加正向电压且小于某一数值时,二极管的正向电流几乎为零;当正向电压达到某一数值时,正向电流迅速增大,而且正向电压增大少许正向电流就增大许多,二极管表现为一个较小的电阻。将二极管刚出现正向电流时所对应的正向电压称为死区电压或开启电压,用 U_{th} 表示,其大小和材料有关。硅二极管的 U_{th} 约为 0.5 V,锗二极管的 U_{th} 约为 0.1 V。

二极管导通后,其正向压降基本不变。二极管的正向电流发生很大变化时,正向压降只有微小变化。硅二极管的正向压降为 0.7 V 左右,锗二极管的正向压降为 0.3 V 左右。但当温度升高时,其正向压降会略有减小。

(2)反向特性。对应于图 1-5(b)的②段。当二极管两端加反向电压,并且反向电压小于一定数值时,反向电流很小,二极管表现为一个很大的电阻。反向电流有以下特点:

其一,反向电压在一定范围内变化时,反向电流基本不变,呈饱和状态,所以称之为反向饱和电流。一般硅二极管的反向饱和电流比锗二极管的小很多。其二,反向电流受温度影响很大,当温度升高时,其值随温度的升高而增大,而反向饱和电流的增大将影响二极管的单向导电性。

(3)反向击穿特性。对应于图 1-5(b)的③段。当反向电压增大到某一数值时,二极管的反向电流迅速增大,此时的二极管处于反向击穿状态。二极管反向击穿时所对应的反向电压称为反向击穿电压,用 U_{BR} 表示。处于反向击穿状态下的二极管将失去单向导电性。

二极管的击穿同 PN 结的击穿一样有两种:电击穿和热击穿。电击穿不是永久性击穿,当去掉反向电压后,二极管就能恢复正常特性。而热击穿则为永久性击穿,即使去掉反向电压,二极管也不能恢复正常特性,因而在实际应用中应尽量避免这种情况的发生。

2. 二极管的温度特性

热振动的强度随温度的升高而增大,因而温度的升高对二极管特性的影响是不容忽视的。如图 1-6 所示为温度对二极管伏安特性的影响。

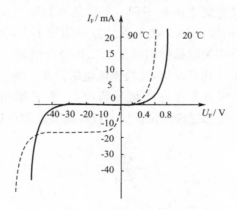

图 1-6　温度对二极管伏安特性的影响

由图 1-6 可以看出:正向特性曲线随温度的升高而左移,反向饱和电流随温度的升高而剧增。

当温度升高,本征半导体的电导率提高,即二极管正向电压一定时,正向电流随温度的升高而增大,所以二极管伏安特性曲线将左移。这是造成以 PN 结为基础的半导体器件温度稳定性不好的原因之一,但利用这一特性在电路中可以将其作为温度补偿元器件。

二极管的反向饱和电流与温度密切相关,温度升高时,少数载流子增加,所以反向电流将急剧增大。通常温度每升高 1 ℃,反向饱和电流约增大一倍。

半导体二极管的温度稳定性不好,所以在使用时要注意温度带来的影响。

二、二极管的主要参数

器件参数是对器件性能的定量描述,是选择器件的依据。二极管的主要参数包括:

(1)最大整流电流 I_{FM},是指二极管长期工作时,允许通过的最大正向平均电流。其大小取决于 PN 结的面积、材料和散热条件。一般二极管的 I_{FM} 可达几毫安,大功率二极管的 I_{FM} 可达几安培。工作电流不要超过 I_{FM},否则二极管将因热击穿而烧毁。

(2)最大反向工作电压 U_{RM},是保证二极管不被反向击穿而规定的最大反向电压。一般手册中给出的最大反向工作电压约为反向击穿电压的一半,以确保二极管能够安全工作。例如二极管 2AP1 的最大反向工作电压规定为 20 V,而反向击穿电压实际上大于 40 V。

(3)反向饱和电流 I_S,是二极管未击穿时的反向电流。I_S 越小,二极管的单向导电性越好。实际应用时应注意温度对 I_S 的影响。

(4)最大功耗 P_M,是保证二极管安全工作所允许的最大功率损耗。通常大功率二极管要加散热片。

(5)直流电阻 R_D,是二极管伏安特性曲线上的工作点所对应的直流电压与直流电流之比,即

$$R_D = \frac{U_D}{I_D} \tag{1-1}$$

显然,工作点不同,其直流电阻就不同。器件的参数随工作电压和电流的变化而变化,这是非线性器件特有的性质。R_D 在工程计算中用处不大,但可用来说明二极管单向导电性的好坏。平时用万用表欧姆挡测量出的二极管内阻就是直流电阻 R_D。一般二极管的正向直流电阻为几十至几百欧姆,反向直流电阻为几千欧至几百千欧。

(6)交流电阻 r_d。二极管工作在小信号情况下,需要用到交流电阻这一参数。如图 1-7 所示,交流电阻 r_d 的定义是:二极管伏安特性曲线工作点 Q 附近电压的变化量与相应的电流变化量之比,即

$$r_d = \frac{\Delta U_D}{\Delta I_D}\bigg|_{I_D = I_Q} \tag{1-2}$$

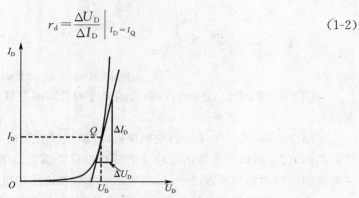

图 1-7 交流电阻 r_d 的几何意义

r_d 的数值是随工作点电流的增大而减小的,通常正向交流电阻为几欧姆至几十欧姆。

（7）最高工作频率 f_M。PN 结具有电容效应,它的存在限制了二极管的工作频率。如果通过二极管的信号频率超过最高工作频率,则结电容的容抗变小,高频电流将直接从结电容通过,二极管的单向导电性变差。

三、二极管的命名方法及分类

1. 二极管的命名方法

根据我国半导体二极管的命名方法,半导体器件的型号由五个部分组成,型号组成部分的符号及其意义如表 1-1 所示。

表 1-1　　　　　　　　半导体二极管型号组成部分的符号及其意义

第一部分		第二部分		第三部分				第四部分	第五部分
用数字表示器件的电极数目		用汉语拼音字母表示器件的材料和极性		用汉语拼音字母表示器件的类型				用数字表示器件的序号	用汉语拼音字母表示规格号
符号	意义	符号	意义	符号	意义	符号	意义		
2	二极管	A	N 型,锗材料	P	普通管	D	低频大功率管		
		B	P 型,锗材料	V	微波管	A	高频大功率管		
		C	N 型,硅材料	W	稳压管	T	半导体闸流管		
		D	P 型,硅材料	C	参量管	Y	体效应管		
		E	化合物材料	Z	整流管	B	雪崩管		
				L	整流堆	J	阶跃恢复管		
				S	隧道管	CS	场效应管		
				N	阻尼管	BT	半导体特殊器件		
				U	光电器件	FH	复合管		
				K	开关管	PIN	PIN 型管		
				X	低频小功率管	JG	激光器件		
				G	高频小功率管				

2. 二极管的分类

二极管按照制造材料可分为硅二极管、锗二极管,按照用途可分为整流二极管、稳压二极管、开关二极管、检波二极管等。根据构造上的特点和加工工艺的不同,二极管又可分为点接触型二极管、面接触型二极管和平面型二极管。

（1）点接触型二极管　如图 1-8（a）所示。它是由一根金属细丝热压在 N 型半导体锗片上,经工艺处理而制成的。金属细丝接出的引线为二极管正极,半导体锗片上接出的引线为二极管负极。

这种二极管由于金属细丝与半导体接触面积小,所以不能通过较大的电流。但其等效结电容小,适合在高频下工作（几百兆赫）。常用于高频检波、变频,有时也用于小电流整流。常用的点接触型二极管有 2AP1～2AP7。

（2）面接触型二极管　如图 1-8（b）所示。采用合金法制成的面接触型二极管,由于两种半导体接触面积大,等效结电容较大,只能在低频下工作。但其允许通过较大的电流。常用的面接触型二极管有 2CP33。

（3）平面型二极管　如图 1-8（c）所示。它采用光刻、杂质扩散工艺制成。结面积较大的，可通过较大的电流，适用于大功率整流；结面积较小的，则可在脉冲数字电路中作为开关管使用。常用的平面型二极管有 2CK9。

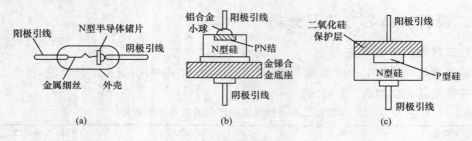

图 1-8　不同类型二极管结构

知识链接 3　二极管整流电路

将交流电变成脉动直流电的过程叫作整流，整流主要分为半波整流和全波整流。

在分析二极管应用电路时，若二极管的正向压降和正向电阻与外接电路的等效电压和等效电阻相比均可忽略，则可以把二极管看作理想二极管。即二极管外加正向电压时，$U_D = 0$；二极管外加反向电压时，$I_D = 0$。它在电路中相当于一个理想开关，这样可以简化电路分析过程。

1. 单相半波整流电路

【例 1-1】　如图 1-9（a）所示电路，Tr 为电源变压器，二极管 VD 与负载 R_L 串联后接变压器副边线圈，输入电压 u_2 的波形如图 1-9（b）所示，试分析该电路的功能并画出输出电压 u_o 的波形。

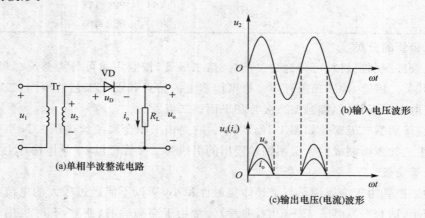

图 1-9　单相半波整流电路及其波形

解：在交流电压 u_2 的正半周，二极管 VD 上作用着正向电压，二极管导通，忽略二极管压降，则负载 R_L 上的电压与交流电压 u_2 的正半周相同。

在交流电压 u_2 的负半周,二极管 VD 上作用着反向电压,二极管截止,电路中没有电流,负载 R_L 上没有电压,交流电压 u_2 的负半周全部作用在二极管上。

输出电压 u_o 和电流 i_o 的波形如图 1-9(c)所示。可见,变压器副边线圈的正弦交流电压变换成了负载两端的单相脉动直流电压,达到了整流的目的。由于这种电路只在交流信号的半周内才有电流流过负载,所以称为单相半波整流电路。

单相半波整流电路的特点是电路结构简单,缺点是输出电压的脉动大,变压器的利用率低。半波整流输出电压的平均值(直流分量)$U_o = \dfrac{U_{2m}}{\pi} \approx 0.45 U_2$,其中,$U_{2m}$ 为正弦电压 u_2 的最大值,U_2 为正弦电压 u_2 的有效值。

2. 单相全波整流电路

【例 1-2】 如图 1-10(a)所示电路,Tr 为带抽头的电源变压器,输入电压 u_2 的波形如图 1-10(b)所示,试分析该电路的功能并画出输出电压 u_o 的波形。

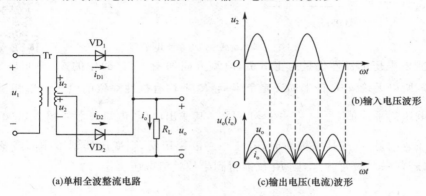

(a)单相全波整流电路

(b)输入电压波形

(c)输出电压(电流)波形

图 1-10　单相全波整流电路及其波形

解:在交流电压 u_2 的正半周,VD_1 导通,VD_2 截止;在交流电压 u_2 的负半周,VD_2 导通,VD_1 截止。即在 u_2 的一个周期内两个二极管轮流导通,从而正、负半周具有同一方向的电流流过负载 R_L,所以称为全波整流电路,其输出电压、电流波形如图 1-10(c)所示。

单相全波整流电路输出电压的平均值 $U_o = \dfrac{2U_{2m}}{\pi} \approx 0.9 U_2$,比半波整流电路输出电压的平均值大,且脉动较小,克服了单相半波整流电路的不足,但变压器的利用率不高。

3. 单相桥式整流电路

【例 1-3】 如图 1-11(a)所示为单相桥式整流电路,图 1-11(c)为其简化电路。若输入电压 u_2 的波形如图 1-11(b)所示,试分析该电路的功能并画出输出电压 u_o 的波形。

解:在交流电压 u_2 的正半周,a 端为正极性,b 端为负极性,二极管 VD_1 和 VD_2 正偏导通,而 VD_3 和 VD_4 反偏截止,导通电路为

$$a \rightarrow VD_1 \rightarrow R_L \rightarrow VD_2 \rightarrow b$$

R_L 得到的电压的极性是上正下负,电流方向如图 1-11(a)中的实箭头所示。

在交流电压 u_2 的负半周,b 端为正极性,a 端为负极性,二极管 VD_3 和 VD_4 正偏导通,而 VD_1 和 VD_2 反偏截止,导通电路为

$$b \rightarrow VD_3 \rightarrow R_L \rightarrow VD_4 \rightarrow a$$

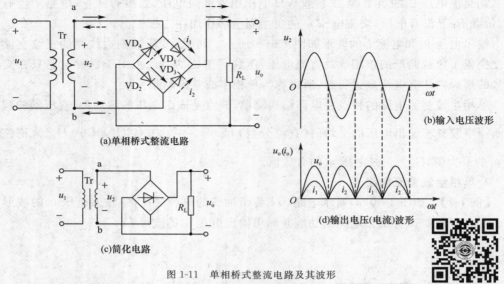

图 1-11　单相桥式整流电路及其波形

R_L 得到的电压的极性仍是上正下负,电流方向如图 1-11(a)中的虚箭头所示。所以无论 u_2 是正半周还是负半周,R_L 上均有极性一致的电压。单相桥式整流电路输出电压的平均值 $U_o = \dfrac{2U_{2m}}{\pi} \approx 0.9U_2$。其输出电压、电流波形如图 1-11(d)所示。

值得注意的是,在连接整流桥时,若任一二极管接反,则变压器副边线圈或整流二极管将烧毁;若任一二极管开焊,则 R_L 仅能得到半波整流电压。

实操训练 1　常用电子测量仪器的使用

1. 训练目的

(1)掌握直流稳压电源(产生直流电压)的使用方法及利用万用表测量直流电压的方法。

(2)掌握函数信号发生器(产生交流信号)的使用方法及利用晶体管交流毫伏表测量交流电压的方法。

(3)掌握用示波器观测交、直流电压信号的方法。

2. 使用仪器和设备

双路输出直流稳压电源、函数信号发生器、万用表、晶体管交流毫伏表、双踪示波器。

3. 训练内容

(1)双路输出直流稳压电源、万用表和双踪示波器的使用

借助万用表将直流稳压电源的输出电压依次调节到 24 V、15 V、12 V、9 V、6 V、3 V、1.5 V 等值,并使用示波器测量。

(2)函数信号发生器、晶体管交流毫伏表和双踪示波器的使用

将函数信号发生器输出信号频率调节到 1 kHz,使用晶体管交流毫伏表将函数信号发生器输出的正弦交流电压依次调节到 0.1 V、0.5 V、1.0 V、1.5 V、2.0 V、2.5 V、3.0 V、

3.5 V、4.0 V等值，并使用示波器测量交流电压的峰-峰值 U_{p-p}，注意选择合适的 Y 轴灵敏度，以免造成较大的测量误差。记录下示波器 Y 轴灵敏度(V/cm)和被测电压峰-峰值高度 H(cm)，然后换算出电压有效值 U_x，并与晶体管交流毫伏表读数 U_s 相比较，计算二者之间的绝对误差 $\Delta U = U_x - U_s$。将数据填入表1-2中。

表 1-2　　　　　　　　使用双踪示波器测量交流电压信号数据表

毫伏表读数 U_s	0.1	0.5	1.0	1.5	2.0	2.5	3.0	3.5	4.0	V
示波器 Y 轴灵敏度										V/cm
峰-峰值高度 H										cm
峰-峰值 U_{p-p}										V
电压有效值 U_x										V
$\Delta U = U_x - U_s$										V

（3）使用双踪示波器测量交流电压信号的周期与频率

将函数信号发生器输出的正弦交流信号的电压调节到 2 V(使用晶体管交流毫伏表读出该电压)，并固定在该值。然后将函数信号发生器的输出频率 f_s 依次调节到 1 kHz、5 kHz、10 kHz、50 kHz、100 kHz、500 kHz、1 MHz、5 MHz、10 MHz等值，并使用示波器测量交流电压的周期和频率，注意选择合适的扫描灵敏度 S(秒/厘米)，以免造成较大的测量误差。记录示波器的扫描灵敏度 S(s/cm)和信号周期长度 X(cm)，然后换算出相应的周期 T_x 和频率 f_x，并与函数信号发生器的输出频率 f_s 相比较，计算二者之间的绝对误差 $\Delta f = f_x - f_s$，将数据填入表1-3中。

表 1-3　　　　　使用双踪示波器测量交流电压信号周期与频率的数据表

函数信号发生器频率 f_s	1 k	5 k	10 k	50 k	100 k	500 k	1 M	5 M	10 M	Hz
示波器扫描灵敏度 S										s/cm
信号周期长度 X										cm
周期 T_x										s
频率 f_x										Hz
$\Delta f = f_x - f_s$										Hz

4. 注意事项

（1）在实验中注意不要将直流稳压电源和函数信号发生器的输出端短路。在将直流稳压电源和函数信号发生器加到电路之前，要调节好输出电压的大小、频率。

（2）使用万用表和晶体管交流毫伏表测量未知电压前，必须先看量程所在的挡位是否合适，一般应将它们的量程调到最高挡位，然后根据测量情况酌情改变测量量程。需要注意的是，在改变测量仪表的量程前，要断开仪表和被测电路的连接，改变量程后再进行测量。

5. 实验报告

根据本训练内容写出实验报告，并回答下列问题：

（1）双路输出直流稳压电源、函数信号发生器在模拟电路实验中的作用各是什么？

（2）万用表、晶体管交流毫伏表、双踪示波器在模拟电路实验中的作用分别是什么？

实操训练2　二极管的认识与二极管整流电路

1. 训练目的

(1)认识二极管,会判断二极管的极性。

(2)能够测试二极管的极性和好坏。

(3)观察二极管整流电路的输出波形。

2. 使用仪器和设备

万用表、低频信号发生器、双踪示波器、晶体管交流毫伏表、二极管 1N4148、电阻、面包板、插接线等。

3. 训练内容

(1)二极管的认识与检测

把一个 PN 结的两端接上电极引线,外面用金属(或玻璃、塑料等)管壳封闭起来,便构成了二极管。其结构示意图和图形符号见图 1-4。

二极管的两个引线分别称为阳极和阴极。在外观上,有标志的一端为阴极,如图1-12所示。

图 1-12　二极管外观

二极管的极性也可以根据其单向导电性用万用表来判别,如图 1-13 所示。

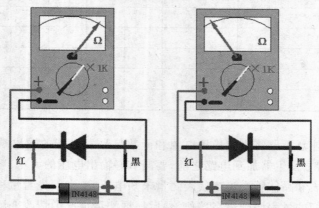

图 1-13　二极管极性判别

用模拟万用表:将模拟万用表调到欧姆挡(R×1 k),此时黑表笔接的是万用表内部电源的正极。分别测二极管两个方向的电阻,在阻值较小的方向上黑表笔所接的是二极管的阳极。

用数字万用表:将数字万用表调到欧姆挡,此时红表笔接的是万用表内部电源的正极。分别测二极管两个方向的电阻,在阻值较小的方向上红表笔所接的是二极管的阳极。

如果测量发现二极管两个方向的阻值均很大或均很小,就说明二极管损坏了。

(2)二极管整流电路

①半波整流电路

电路如图 1-14 所示,按图在面包板上插接电路。

输入信号由信号源(低频信号发生器)提供。正确选择信号源的频段和输出波形,使信号源输出正弦信号(即电路的输入信号 u_i)。调节信号源的幅度和频率旋钮,使输入正弦信号的峰-峰值 $U_{iP-P}=12\ \mathrm{V}$,频率 $f=1\ \mathrm{kHz}$。

电路中二极管用 1N4148,负载电阻 $R_L=10\ \mathrm{k\Omega}$。

用示波器观察输入、输出信号波形,并画出输出信号波形,记录输出信号的电压和频率。

$U_{oP-P}=$ _____ V,$f=$ _____ kHz。

输出电压的平均值(直流分量)为:$U_O\approx$ _____ U_I。

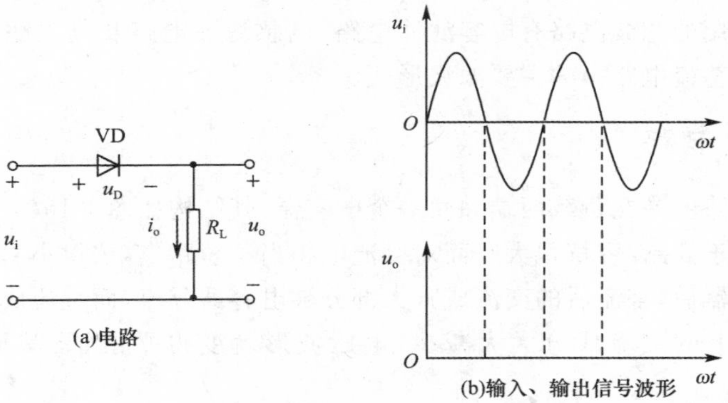

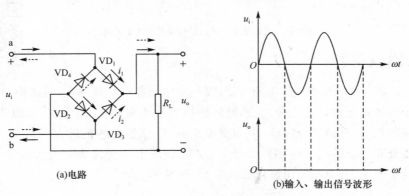

图 1-14　单相半波整流电路及其波形

②全波整流电路

电路如图 1-15 所示,按图在面包板上插接电路。二极管用 1N4148,输入正弦信号 u_i 的峰-峰值 $U_{iP-P}=12\ \mathrm{V}$,频率 $f=1\ \mathrm{kHz}$,负载电阻 $R_L=10\ \mathrm{k\Omega}$。用示波器观察输入、输出信号波形,并画出输出信号波形,记录输出信号的电压和频率。

图 1-15　单相桥式整流电路及其波形

$U_{oP-P} = \underline{\hspace{2cm}}$ V，$f = \underline{\hspace{2cm}}$ kHz。

输出电压的平均值(直流分量)为：$U_O \approx \underline{\hspace{2cm}} U_I$。

4. 注意事项

在桥式整流电路中，输入、输出信号波形分别用两个示波器观察。

5. 实验报告

(1)记录实验中输出电压的幅度和频率，画出输出电压的波形。

(2)查阅资料，说明二极管的主要应用。

知识链接4　滤波电路

　　经整流后的输出电压，除了含有直流成分外，还含有较大的谐波成分。为了满足电子设备正常工作的需要，必须采用滤波电路，滤去输出电压中的交流成分，以便得到较平滑的直流输出。常用的滤波电路有电容滤波电路、电感滤波电路及复式滤波电路。其中电容滤波是小功率整流电路中的主要滤波形式。

一、电容滤波电路

　　电容滤波电路就是在负载两端并联一个电容器，其结构如图1-16(a)所示。由于电容器对直流电相当于开路(容抗很大)，而对交流电相当于短路(容抗很小)，所以当我们在负载两端并联电容器后，整流后的交流成分大部分被电容器分流，而直流成分则全部进入负载，从而使负载上的交流成分大大减少，电压波形就变得平滑了，其输出电压波形如图1-16(b)所示。

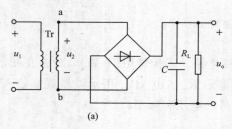
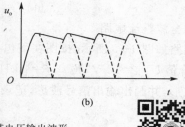

图 1-16　电容滤波电路的结构及其电压输出波形

电容滤波电路

二、电感滤波电路

　　电感滤波电路就是在整流输出的后面，将一个电感器与负载串联，其结构如图1-17(a)所示。对于整流输出的直流成分，电感器的感抗远小于负载 R_L 的阻抗，所以直流成分几乎全部落在负载 R_L 上；对于整流输出的交流成分，电感器的感抗远大于负载 R_L 的阻抗，所以交流成分几乎全落在了电感器 L 上。这样，负载上的交流成分大大减少，电压波形就变得比较平滑了，其电压输出波形如图1-17(b)所示。

模拟电路分析制作与调试

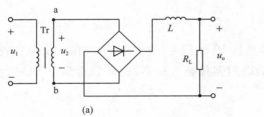 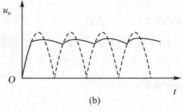

(a)   (b)

图 1-17　电感滤波电路的结构及其电压输出波形

三、复式滤波电路

为了进一步提高滤波效果,可将电感和电容组成复式滤波电路。常用的复式滤波电路有 $LC\text{-}\Gamma$ 型、$LC\text{-}\Pi$ 型和 $RC\text{-}\Pi$ 型。

1. $LC\text{-}\Gamma$ 型滤波电路

$LC\text{-}\Gamma$ 型滤波电路就是在电容器前面再串联一个电感器,其结构如图 1-18 所示。在 $LC\text{-}\Gamma$ 型滤波电路中,对于交流成分来说,电容器与负载是并联关系,电容器的容抗 X_C 远小于负载的阻抗 R_L,所以电容器分流了绝大部分交流电流成分;电感器与负载是串联关系,由于电感器的感抗 X_L 远大于负载的阻抗 R_L,结果使交流电压成分绝大部分落在电感器的两端。

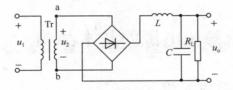

图 1-18　$LC\text{-}\Gamma$ 型滤波电路的结构

由于 $LC\text{-}\Gamma$ 型滤波电路是电感滤波电路和电容滤波电路的组合,所以它兼有二者的优点。对较大范围内的电流都有较好的滤波效果,而且对二极管也没有电流冲击,所以 $LC\text{-}\Gamma$ 型滤波电路是一种性能优良的滤波电路。

2. $LC\text{-}\Pi$ 型滤波电路

$LC\text{-}\Pi$ 型滤波电路相当于电容滤波电路与 $LC\text{-}\Gamma$ 型滤波电路的组合,其结构如图 1-19 所示。整流后的交流成分先经过电容器 C_1 滤波,再经 $LC\text{-}\Gamma$ 型滤波电路进一步滤波,所以它的滤波效果比以上各种滤波电路的效果都好。

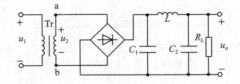

图 1-19　$LC\text{-}\Pi$ 型滤波电路的结构

$LC\text{-}\Pi$ 型滤波电路在外特性上与电容滤波电路相同,具有输出电压较高、输出电流较大时输出电压减小、对二极管有电流冲击等特点,所以它适用于要求输出电压平滑、输出电流较小的场合。

由于 LC-Ⅱ 型滤波电路中的电感器重量大、体积大、成本高,所以在要求电流较小(几十毫安以下)的场合中,常用功率相近的电阻器代替电感器,这样就得到了 RC-Ⅱ 型滤波电路,其结构如图 1-20 所示。

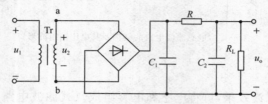

图 1-20 RC-Ⅱ 型滤波电路的结构

在 RC-Ⅱ 型滤波电路中,整流后的交流成分先经过电容器 C_1 滤波,再由电阻 R 与电容器 C_2 分压。由于 C_2 的容抗远大于电阻 R,所以交流电压成分大部分落在电容器 C_2 的两端,使输出电压上的交流成分大大减小。

在 RC-Ⅱ 型滤波电路中,电容器 C_1、C_2 及电阻 R 的值越大,滤波效果越好。但是,C_1 值的增大将会增加对二极管的冲击电流,电阻值 R 的增大将会损耗过多的直流电压,使输出直流电压减小。

知识链接5　直流稳压电源的基本结构

一、直流稳压电源的组成方框图

由半导体器件组成的电子电路,必须依靠直流电源供电才能正常工作并实现一定的功能。直流稳压电源在交流输入电压作用下输出一定大小且比较稳定的直流电压。在电子电路中,直流稳压电源一方面能为电子元器件提供正常的工作条件,另一方面又是电子电路输出信号的能量来源。因此,直流稳压电源是各类电子设备和电子仪器的重要组成部分。

直流稳压电源一般由变压器、整流电路、滤波电路、稳压及过载保护电路等部分组成,如图 1-21 所示。

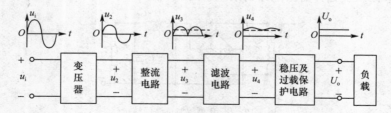

图 1-21 直流稳压电源的基本组成方框图

各部分作用如下：

（1）变压器。将输入的交流电压 u_i 变换成适合为电子电路供电的较低电压（或较高电压）。一般电子电路并不需要较高的直流电压，所以通常采用降压变压器。

（2）整流电路。将变压器输出的交流电压变为单向脉动的非正弦电压，其中包含直流成分（即平均值）和交流成分（含基波和高次谐波成分）。

（3）滤波电路。实际上是一种低通滤波器（通常采用容量较大的电容构成滤波电路），用来滤除整流电路输出的脉动电压中的交流成分，输出比较平滑的直流电压。但该电压中仍存在少量的交流成分（波纹），而且不够稳定，受到交流输入电压 u_i 波动、负载变化、温度变化等不稳定因素的影响较大。

（4）稳压及过载保护电路。稳压电路可把滤波电路输出的直流电压变成几乎不受交流输入电压 u_i、负载以及环境温度等变化影响的稳定的直流电压。过载保护电路是防止因过载或输出端短路等造成电子元器件烧毁，致使整个电源损坏。

集成稳压器是指在输入电压或负载发生变化时，使输出电压保持不变的集成电路。目前在音视频设备、电子仪器等各种电子设备中大都采用集成稳压器构成直流稳压电源。其突出的优点是稳压性能可靠、体积小、使用方便、成本较低。

现在国际上的集成稳压器已有数百个品种，常见的有三端固定式集成稳压器、三端可调式集成稳压器、多端可调式集成稳压器等。

二、直流稳压电源的主要技术指标

直流稳压电源的主要技术指标包括额定输入电压、输出电压范围、输出电流范围、稳压系数、等效内阻、温度系数等。

（1）额定输入电压　是指直流稳压电源正常工作时的输入交流电压大小和频率。如 220 V/50 Hz。

（2）输出电压范围　是指直流稳压电源能够稳定输出的直流电压范围。如固定输出 6 V、9 V、12 V、24 V 等。连续可调的直流电源可在一定电压范围内输出，如集成稳压器 CW317 的输出电压可在 1.25～35 V 内连续可调。

（3）输出电流范围　是指直流稳压电源在正常工作条件下所允许输出的电流范围。如由集成稳压器 CW317 构成的直流稳压电源，最小输出电流为 10 mA，最大输出电流为 0.5 A。

（4）稳压系数 S_V　是指当负载和环境温度不变时，输出电压的相对变化量与输入电压的相对变化量之比，即

$$S_V = \frac{\Delta U_o / U_o}{\Delta U_i / U_i}\bigg|_{R_L - 定} \qquad (1\text{-}3)$$

S_V 是衡量直流稳压电源对电网电压（即输入交流电压）波动的适应能力，即稳压性能好坏的标志。一般情况下 $S_V \ll 1$，其数值越小表明输出电压越稳定。

（5）等效内阻 r_o　是指当直流稳压电源的输入电压和环境温度不变，负载 R_L 变化时，输出电压的变化量与输出电流的变化量之比，即

$$r_o = \frac{\Delta U_o}{\Delta I_o}\bigg|_{u_i - 定} \tag{1-4}$$

r_o 又称为直流稳压电源的输出电阻,其值越小表明稳压性能越好,即带负载能力越强。

(6)温度系数 S_t 是指当直流稳压电源的输入电压和负载均不变时,由环境温度变化引起的输出电压的变化量与温度的变化量之比,即

$$S_t = \frac{\Delta U_o}{\Delta T}\bigg|_{u_i, R_L - 定} \tag{1-5}$$

S_t 越小,表明直流稳压电源受环境温度的影响越小,输出电压越稳定。

知识链接6 三端式直流稳压电源

由三端式稳压器构成的直流稳压电源称为三端式直流稳压电源。

利用集成稳压器设计直流稳压电源时可按下列步骤进行:

(1)确定所要设计的直流稳压电源类型,输出电压是固定的还是可调的、是正电压还是负电压,输出电压数值是多少或可调范围是多大等。

(2)查阅集成电路产品手册,选择合适的集成稳压器产品型号。一般手册中给出各种集成稳压器的产品型号、性能参数、使用条件以及管脚名称,有时还列举典型应用电路。

(3)按设计要求绘出电路原理图后进行制作并测试。

【例1-4】 试利用集成稳压器设计一个能固定输出±5 V 的直流稳压电源。

解:(1)所要设计的直流稳压电源是固定式输出,并且输出既有正电压也有负电压,可选择三端固定式集成稳压器(如7800系列与7900系列)。通过查阅集成电路手册可知,7805集成稳压器可输出+5 V直流电压,7905集成稳压器可输出-5 V直流电压,可以选用。

(2)7800系列(正电源)与7900系列(负电源)集成稳压器的典型应用电路如图1-22所示。

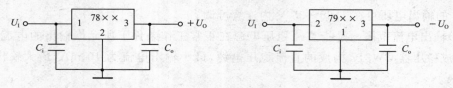

(a)7800系列集成稳压器的典型应用电路   (b)7900系列集成稳压器的典型应用电路

图1-22 三端固定式集成稳压器的应用电路

图1-22中输入端电容 C_i 主要用来改善输入的波纹电压,一般为零点几微法,本例中选择0.33 μF的电容。输出端电容 C_o 用来消除电路中可能存在的高频噪声,即改善负载的瞬态响应,本例中选择1 μF的电容。

(3)画出完整的直流稳压电路原理图,如图1-23所示。

7805的输入电压为7～30 V,7905的输入电压为-7～-25 V,可以均按输入电压大小为12 V设计。即交流输入电压经降压(设为 U_2)、全波整流和滤波后(滤波电容 $C_1 =$

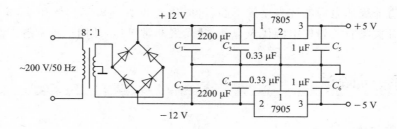

图 1-23　使用 7805 与 7905 构成固定输出 ± 5 V 的直流稳压电源

$C_2 = 2200$ μF),7905 与 7805 分别承受 12 V 电压(该电压为变压器副边总电压平均值的一半),则有 $\frac{U_2}{2} \times 0.9 = 12$ V,即 $U_2 = 12$ V/0.45 ≈ 26.67 V。于是选择变压器原线圈与副线圈的匝数比为 $U_1 : U_2 = 220 : 26.67 \approx 8 : 1$(变压比)。

本电路中整流二极管所承受的最大反向电压为 $U_{RM} = \sqrt{2} U_2 = \sqrt{2} \frac{U_1}{8} \approx 39$ V,所以可选择反向击穿电压为 $U_{BR} \geqslant 78$ V 的整流二极管(即按最大反向工作电压的二倍选取 U_{BR})。

知识链接7　开关型直流稳压电源

稳压器件采用开关稳压器的直流稳压电源称为开关型直流稳压电源。如图 1-24 所示是一个开关型直流稳压电源的电路原理图。图中开关型降压稳压器的型号是 LM2576-ADJ,它能提供开关型降压稳压器的各种功能,能驱动 3 A 的负载,有优异的线性和负载调整能力。内部含有一个频率补偿器和一个固定频率振荡器,只需四个外部元器件支持。可通过调整电位器改变输出电压,在线性负载条件下,输出电压为 1.23 ～ 37 V,最大误差不超过 $\pm 4\%$。

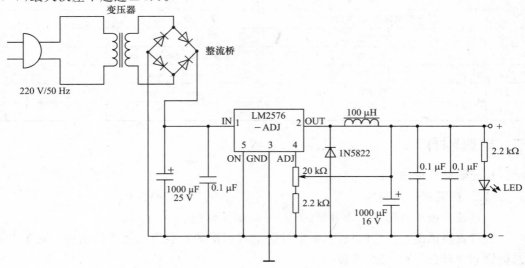

图 1-24　开关型直流稳压电源

开关型直流稳压电源的优点是效率高（可以达到 $80\% \sim 90\%$），体积小，重量轻，工作稳定。由于开关型直流稳压电源优点显著，故发展非常迅速，使用也越来越广泛。

项目制作与调试

一、教学设备与器件

教学设备：万用表、直流稳压电源、焊接工具等。

元器件清单如表 1-4 所示。

表 1-4　　　　　　　　　　开关型直流稳压电源元器件清单

序号	元器件名称	规格	数量	代号
1	变压器	12 V/220 V/5 W	1	
2	整流桥	2 A/400 V（长方）	1	QD1
3	二极管	1N5822	1	VD1
4	开关型稳压器	LM2576-ADJ	1	IC1
5	电阻	2.2 kΩ/1/4 W	2	R1,R2
6	电位器	20 kΩ-3296 型	1	VR1
7	电解电容	1000 μF/25 V	1	C1
8	电解电容	1000 μF/16 V	1	C3
9	瓷片电容	104(0.1 μF/100 V)	3	C2,C4,C5
10	电感	100 μH	1	L1
11	发光二极管（LED）	Φ3 mm 红	1	VD2
12	插座	2P/5 mm	2	S1,S2
13	印制电路板	40 mm×48 mm	1	
14	电源线	2 相/220 V	1	
15	直流输出线（带头）	双芯 Φ5.5 mm	1	
16	电源盒	55 mm×82 mm	1	
17	散热片	19 mm×20 mm×7 mm	1	
18	自攻螺钉	3 mm×16 mm	4	
19	热缩管	Φ3 mm×15 mm	若干	
20	热溶胶		若干	

二、电路制作

1. 元器件的识别

（1）二极管极性的判别

二极管的极性可用万用表判别，方法见实操训练 2。

也可直接说出二极管的极性，一般外壳上有标记的一端为二极管的阴极。对于发光二极管，管脚较长的一端为阳极。

（2）电解电容极性的判别

可用万用表判别，正接时漏电流小（阻值大），反接时漏电流大（阻值小）。也可直接说出其极性，管脚较长的一端为"－"极，或者外壳上有标记的一端为"－"极。

（3）开关型降压稳压器管脚的识别

开关型降压稳压器 LM2576 的管脚如图 1-25 所示。

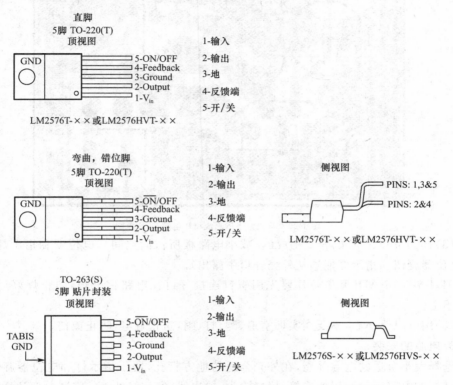

图 1-25　LM2576 管脚图

（4）整流桥管脚的识别

标有"＋"或"－"的一端是输出端，标有"～"的一端是输入端。

2. 电路的焊接

开关型降压直流稳压电源电路原理图见图 1-24，其 PCB 板图如图 1-26 所示。

（1）做线

做线包括电源线、输出线和连接线。用剥线钳将导线剥出 0.5 cm 左右，绞紧，镀上焊锡。

（2）焊接

先焊小元件，再焊大元件。具体顺序如下：

二极管、电阻—稳压器（平放）—测试点插针—瓷片电容、三极管、IC 插座—电位器、二脚插针、三脚插针、四脚插针—电解电容—LED 灯。

焊接时要注意：

（1）焊点要焊实，不要虚焊。

（2）分清 PCB 板的正反面，防止焊错。

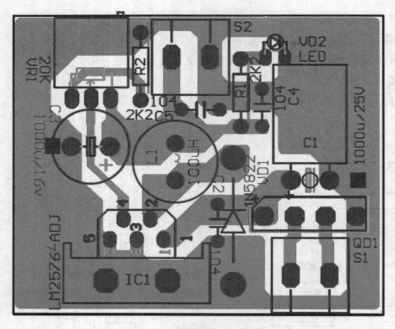

图 1-26　开关型降压直流稳压电源 PCB 板图

（3）1000 μF/25 V 电容要平放（以减小电路板所占的空间），电位器和指示灯要平放（使电位器旋钮和指示灯能够从外壳开口中露出）。

（4）LM2576-ADJ 和散热片要先用螺钉连接好再往电路板上焊，防止焊好后两者螺口对不上。

（5）用电时要小心，不要在实训室追、跑、打、闹，防止触电，防止烫伤。

3. 电源的安装

选择大小合适的电源外壳，在外壳合适的地方打孔，便于指示灯和电位器旋钮露出。将调试好的电路板和变压器连接，接好输入、输出线，安装好外壳。安装时要注意：

（1）分清变压器的一次端和二次端。

（2）注意输出线的极性。

（3）连接线处要用热缩管包裹，防止出现裸线。

三、电路的调试与验收

1. 调试方法

（1）电路板焊接完成后，检查电路连接情况。先不要连接变压器，在输入端输入 12 V 直流电压，调节电位器旋钮，观察输出电压的变化，并使输出电压为 9 V。

（2）安装完成后，接 220 V 交流电，测量输出端电压，调节电位器旋钮，使输出电压为 9 V。

（3）验收电路，填写项目验收记录单，如表 1-5 所示。

表 1-5　　　　　　　　　　开关型直流稳压电源制作项目验收记录单

班级 ＿＿＿＿＿＿＿＿＿＿＿＿　　学号 ＿＿＿＿＿＿＿＿＿＿＿＿　　姓名 ＿＿＿＿＿＿＿＿＿＿＿＿

验收时间	调试/验收项目	参数	评价标准	验收情况	评分
	电路板	输出电压范围	5~12 V		
		输出电压	9.0 V		
		焊点	牢固、光滑、无虚焊（满分 10 分）		
		布局	合理、美观、无错焊（满分 10 分）		
	电源安装	安装工艺	安装正确、线头处理好（满分 10 分）		
		外观	美观、牢固（满分 10 分）		
		输出电压	9.0 V		
验收结论					
教师及学生签字					

2. 容易出现的问题及解决方法

（1）无输出电压

①检查电源是否接通。

②检查稳压器的管脚是否接错。

③检查整流桥是否接反。

④检查地线是否接上。

（2）输出电压不能调节

①检查稳压器外围元器件是否接错。

②制作、调试完成的开关型降压直流稳压电源实物如图 1-27 所示。

图 1-27　开关型降压直流稳压电源实物

考核与评价标准

1. 考核要求

(1)正确识别电阻、电容、变压器、二极管、三端式集成稳压器、开关型降压稳压器等元器件,能使用万用表正确判断 R、L、C、二极管的性能好坏,会测其数值,会判断二极管的类型和极性。

(2)能查阅元器件手册获得三端式集成稳压器和开关型降压稳压器的参数及典型应用电路。

(3)能读懂直流稳压电源电路原理图,能说明电路各部分的功能,会分析电路的工作原理,能计算所需元器件的参数。

(4)能够按照电路原理图焊接实用电路。

要求在给定的时间内完成以下工作:

①选择正确的元器件。

②正确焊接电路,要求布局合理、美观。

③调试电路,通过验收。

(5)完成项目设计报告。

报告字数不少于 2000 字,手写或打印均可,但要求统一用 A4 纸,注明页码并装订成册。报告应包括以下内容:

①项目设计报告封面。

②工作计划。

③项目背景和要求。

④要达到的能力目标。

⑤简述电路设计过程,画结构框图,简单分析电路的工作原理,说明电路各部分的作用。

⑥电路原理图,所用元器件清单,制作过程记录。

⑦电路的调试过程。

⑧电路制作、调试结果(实际制作电路的技术指标)。

⑨制作和调试过程中出现的问题及解决情况。

⑩收获及体会。

(6)答辩时正确回答问题。

2. 考核标准

(1)优秀

①正确识别电容、变压器、二极管、三端式集成稳压器、开关型降压稳压器等元器件,会测电容的数值,正确判断变压器的一次端和二次端,会判断二极管的类型和极性,正确

识别稳压器的管脚。

②能正确分析电路的工作原理,能计算所需元器件的参数。

③具备较强的实操能力,基本能独立焊接、调试电路,要求焊点牢固、布局美观。

④按时完成项目设计报告,并且报告结构完整、条理清晰,具有较好的表达能力。

⑤答辩时正确回答问题,表述清楚。

⑥理论分析透彻、概念准确。

⑦能独立完成项目,设计全部内容。

⑧能客观地进行自我评价、分析判断并论证各种信息。

(2)良好

达到优秀标准中的①～⑤。

(3)合格

①对电路工作原理分析基本正确,但条理不够清晰。

②能自主焊接电路,但出现问题不能独立解决。

③按时完成项目设计报告,报告结构和内容基本完整。

(4)不合格

有下列情况之一者为不合格:

①无故不参加项目设计。

②未能按时递交操作结果或项目设计报告。

③抄袭他人的项目设计报告。

④未达到合格条件。

不合格的同学必须重做本项目。

延伸阅读 1 稳压二极管

一、稳压二极管及其特性

稳压二极管简称稳压管,是一种用特殊工艺制造的面接触型硅半导体二极管,其图形符号如图 1-28(a)所示。其伏安特性曲线如图 1-28(b)所示。由稳压管的伏安特性曲线可以看出,其正向特性与普通二极管的基本相同,但反向击穿时,其伏安特性曲线较陡。图中的 U_Z 表示反向击穿电压,即稳压管的稳定电压。稳压管的稳压作用在于,电流增量 ΔI_Z 很大,只引起很小的电压变化 ΔU_Z。在正常的反向击穿区内,曲线越陡,交流电阻 $r_Z = \Delta U_Z / \Delta I_Z$ 越小,稳压管的稳压性能越好。

27

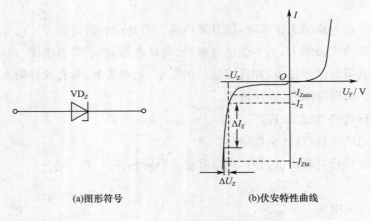

(a)图形符号　　　　　(b)伏安特性曲线

图 1-28　稳压二极管的图形符号及其伏安特性曲线

二、稳压二极管的主要参数

(1)稳定电压 U_Z　是指流过规定电流时稳压管两端的反向电压,其值取决于稳压管的反向击穿电压。由于制造工艺的影响,同一型号管子的稳定电压有一定的分散性。例如 2CW55 型稳压管的 U_Z 为 6.2~7.5 V(测试电流为 10 mA)。

(2)稳定电流 I_Z　是指稳压管的工作电压等于稳定电压 U_Z 时通过管子的电流。它只是一个参考电流值,如果工作电流高于此值,只要不超过最大工作电流,稳压管均可正常工作,且电流越大,稳压效果越好;如果工作电流低于此值,稳压效果将变差,当低于 I_{Zmin} 时,稳压管将失去稳压作用。

(3)最大耗散功率 P_{ZM} 和最大工作电流 I_{ZM}　是为了保证稳压管不被热击穿而规定的极限参数,其中,$P_{ZM} = I_{ZM} U_Z$。

(4)动态电阻 r_Z,是指稳压范围内电压变化量与相应的电流变化量之比。即

$$r_Z = \frac{\Delta U_Z}{\Delta I_Z} \tag{1-6}$$

r_Z 值很小,几欧姆到几十欧姆。r_Z 越小,反向击穿特性曲线就越陡,稳压性能越好。

(5)电压温度系数 C_{TV}　是指温度每增加 1 ℃时,稳定电压的相对变化量,即

$$C_{TV} = \frac{\Delta U_Z / U_Z}{\Delta T} \times 100\% \tag{1-7}$$

三、使用稳压管的注意事项

(1)稳压管必须工作在反向偏置条件下。

(2)稳压管工作时电流值的大小应在稳定电流值和允许的最大工作电流值之间。为了使电流值不超过反向击穿电流值,电路中必须串接限流电阻。

(3)稳压管可以串联使用(串联后的稳压值为各管稳压值之和),但不能并联使用,以免因稳压管稳压值的差异导致各管电流分配不均,引起过载损坏。

延伸阅读2 特殊二极管

一、发光二极管(LED)

1. LED

发光二极管是一种能将电能转换成光能的特殊二极管,它的图形符号如图 1-29 所示。发光二极管的基本结构是一个 PN 结,通常由元素周期表中Ⅲ、Ⅴ族元素的化合物如砷化镓、磷化镓等制成。它的伏安特性曲线和普通二极管的相似,但正向导通电压一般为 1~2 V。制成发光二极管的半导体中掺杂浓度很高,当对二极管施加正向电压时,多数载流子的扩散运动加强,大量的电子和空穴在空间电荷区复合,它们释

图 1-29 发光二极管的图形符号

放出的能量大部分转换为光能,从而使发光二极管发光。其光谱范围是比较窄的,波长由所使用的基本材料决定。几种常见的发光二极管的主要参数如表 1-6 所示。发光二极管常用来作为显示器件,除单个使用外,也常做成七段式或矩阵式,工作电流一般为几毫安至十几毫安。

表 1-6 　　　　　　　　　　　常见发光二极管的主要参数

颜色	波长/nm	基本材料	正向电压/V (10 mA 时)	光强/mcd* (10 mA 时,张角为±45°)	光功率/μW
红外	900	砷化镓	1.3~1.5	—	100~500
红	655	磷砷化镓	1.6~1.8	0.4~1	1~2
鲜红	635	磷砷化镓	2.0~2.2	2~4	5~10
黄	583	磷砷化镓	2.0~2.2	1~3	3~8
绿	565	磷化镓	2.2~2.4	0.5~3	1.5~8

* cd(坎德拉)发光强度单位。

2. LED 点阵显示屏

LED 点阵显示屏是由几万至几十万个半导体发光二极管像素点均匀排列组成的,利用不同的材料可以制造不同色彩的 LED 像素点。目前应用最广的是红色、绿色、黄色,而蓝色和纯绿色 LED 的开发也已经到了实用阶段。

LED 点阵显示屏分为图文显示屏和视频显示屏两类,均由 LED 矩阵块组成。图文显示屏可与计算机同步显示汉字、英文文本和图形;视频显示屏采用微型计算机进行控制,图文、图像并茂,以实时、同步、清晰的信息传播方式播放各种信息,还可显示二维、三维动画,录像,电视、VCD 节目以及现场实况。LED 点阵显示屏显示画面色彩鲜艳,立体感强,静如油画,动如电影,广泛应用于车站、码头、机场、商场、医院、宾馆、银行、证券市场、建筑市场、拍卖行、工业企业和其他公共场所。

二、光电二极管

光电二极管也是由一个 PN 结构成的半导体器件，也具有单向导电性，是一种把光信号转换成电信号的光电传感器件。

光电二极管在管壳上有一个玻璃窗口以便于接收光照，它的反向电流随光照强度的增加而上升。图 1-30（a）是光电二极管的图形符号，而图 1-30（b）则是它的伏安特性曲线。其主要特点是，它的反向电流与照度成正比，灵敏度的典型值为 0.1 μA/lx 数量级。

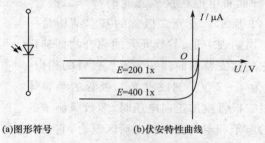

(a)图形符号　　　　　(b)伏安特性曲线

图 1-30　光电二极管的图形符号及其伏安特性曲线

光电二极管可应用于光的测量中。当制成大面积的光电二极管时，可作为一种能源，称为光电池。

三、变容二极管

二极管存在结电容效应，二极管结电容的大小除了与本身结构和工艺有关外，还与外加电压有关。结电容随反向电压的增加而减小，这种效应显著的二极管称为变容二极管。如图 1-31（a）所示为变容二极管的图形符号，图 1-31（b）是某种变容二极管的特性曲线。不同型号的管子，其电容最大值可能是 5～300 pF。最大电容与最小电容之比约为5∶1。变容二极管在高频技术中应用较多。

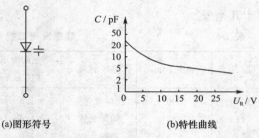

(a)图形符号　　　　(b)特性曲线

图 1-31　变容二极管的图形符号及其特性曲线

自测题

1.填空题

(1)根据物体导电能力（电阻率）的不同，物质可分为导体、_____和_____。

(2)典型的半导体有_____和_____以及_____等。

(3)在本征半导体中掺入某些微量元素作为杂质，可使半导体的导电性发生显著变化。掺入的杂质主要是三价或五价元素。掺入杂质的本征半导体称为_____。掺入五价杂质元素（如磷）的半导体称为_____，掺入三价杂质元素（如硼）的半导体称为_____。

(4)当 P 型半导体和 N 型半导体结合后，在它们的交界处形成了一个很薄的空间电荷区,称为_____。

(5)PN 结具有_____导电性。当外加电压使 PN 结中 P 区的电位高于 N 区的电位,称为加正向电压,简称_____;反之称为加反向电压,简称_____。

(6)PN 结加正向电压时,呈现_____电阻,具有较大的_____;PN 结加反向电压时,呈现_____电阻,具有很小的_____。

(7)二极管的两个引线分别称为_____极和_____极。在外观上,有标识的一端为_____极。二极管的基本特性是_____。

(8)把交流电变为直流电,称为_____。二极管整流是利用二极管的_____。二极管整流分为_____和_____。

(9)如图 1-32 所示为某硅二极管的伏安特性曲线。该曲线分为三部分,分别表示二极管的_____特性、_____特性和_____特性。由图可知该二极管的死区(开启)电压 $U_{th} \approx$ _____,导通电压 $U_D \approx$ _____,反向击穿电压 $U_{BR} \approx$ _____,最高反向工作电压 $U_{RM} \approx$ _____。

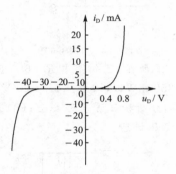

图 1-32 硅二极管伏安特性曲线

(10)稳压管必须工作在_____。稳压管工作时的电流应在稳定电流和_____之间。为了不使反向击穿电流超过,电路中必须串接_____。稳压二极管的_____越陡,稳压二极管的稳压效果就越好。

(11)发光二极管是一种能将_____能转换成_____能的特殊二极管,工作电流一般为_____之间。

(12)直流稳压电源由_____、_____、_____、_____等几部分组成。

(13)开关型直流稳压电源具有_____、_____、_____、_____等优点,故应用越来越广泛。

2.画出普通二极管、稳压二极管、发光二极管、光电二极管、变容二极管的电路符号。

3.画出二极管半波整流和全波整流电路的电路图及输入、输出波形。

4.画出直流稳压电源基本组成框图及各部分输出波形,说明各部分的作用。

5.二极管电路如图 1-33 所示,设二极管为理想二极管,$u_i = 5\sin\omega t(V)$,试画出 u_o 的波形。

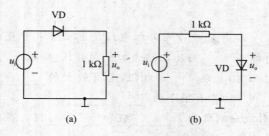

图 1-33　自测题 5 图

6. 如图 1-34(a)、(b)所示的电路中,设二极管为理想二极管,试根据图 1-6(c)所示的输入电压 u_i 的波形,画出输出电压 u_o 的波形。

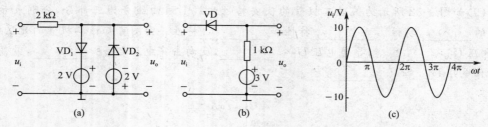

图 1-34　自测题 6 图

7. 稳压管稳压电路如图 1-35 所示,已知图中 $R=680\ \Omega$,$R_L=1\ \text{k}\Omega$,稳压管的参数为 $U_Z=8.5\ \text{V}$,$I_Z=5\ \text{mA}$,$P_{ZM}=250\ \text{mW}$,输入电压 $U_I=20\ \text{V}$。(1)求 U_O 和 I_Z 的大小;(2)若输入电压增大到 22 V,R_L 开路,分析稳压管是否安全;(3)若输入电压减小到 18 V,$R_L=1\ \text{k}\Omega$,分析稳压管是否工作在稳压状态。

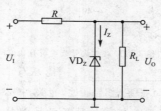

图 1-35　自测题 7 图

8. 稳压管稳压电路如图 1-36 所示,已知图中 $R=100\ \Omega$,$R_L=300\ \Omega$,稳压管的参数为 $U_Z=6\ \text{V}$,$I_Z=10\ \text{mA}$,$I_{ZM}=30\ \text{mA}$,试求:(1)流过稳压管的电流 I_Z 及其耗散的功率;(2)限流电阻 R 消耗的功率。

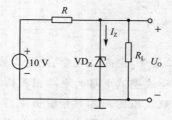

图 1-36　自测题 8 图

9. 使用 7800 与 7900 系列集成稳压器构成固定输出直流 $\pm12\ \text{V}$ 的直流稳压电源,画出电路原理图,并注明元件参数。

项目 2　音频前置放大器的设计与制作

项目说明

1.项目描述

由于话筒的输出信号一般只有 5 mV 左右,因此需要进行不失真的放大。音频前置放大器要求失真小、通频带宽。本项目将设计和制作的是一个双声道扩音机的前置放大部分。每个声道包括由集成运算放大器(简称集成运放)构成的前置放大器和音量调节电路两部分。

2.技术指标

电压放大倍数:10 倍。

通频带:80 Hz~20 kHz。

3.能力目标

(1)能够正确识别、检测和选用三极管和集成运放等元器件。

(2)能够对典型放大电路进行分析和计算。

(3)能够按照电路图在免焊面包板上搭接电路。

(4)熟练使用万用表、信号发生器、模拟示波器进行电路参数的测量。

(5)能对制作完成的电路进行调试以达到设计指标的要求。

4.学习环境

实用电子电路设计与制作实训室。

5.成果验收要求

(1)调试完成的音频前置放大器电路板。

(2)项目设计报告。

(3)答辩 PPT。

项目内容与要求

1.项目内容

(1)通过上网或查阅电子元器件手册,熟悉集成运放 NE5532 的管脚功能。

(2)设计由 NE5532 构成的放大电路(放大倍数为 10 倍)。

(3)按照电路图正确焊接电路。

(4)调试电路,达到技术指标要求。

(5)答辩时正确回答问题,针对自己焊接的电路提出改进意见。

(6)写出完整的项目设计报告。

2. 知识要求

(1)三极管放大原理。

(2)共射、共集、共基放大电路的性能特点。

(3)共射电路简单分析和计算。

(4)多级放大器的特点及应用。

(5)集成运放的应用。

3. 技能要求

(1)会用万用表、示波器测量放大电路的放大倍数、输入电阻、输出电阻。

(2)会观察非线性失真。

(3)会识别电阻的色环和集成电路的管脚。

(4)掌握常用工具使用方法。

(5)掌握常用面包板使用方法。

(6)掌握常用电路制作、调试方法。

项目实施

知识链接 1   半导体三极管

一、放大电路的结构与作用

所谓放大,是指将一个微弱的电信号,通过某种装置,转换为一个波形与该微弱的电信号相同,但幅值却大很多的输出信号,其中,这个装置就是放大电路。放大作用的实质是电路对电流、电压或能量的控制作用。

放大电路由信号源、放大器和负载三部分组成,如图 2-1 所示。其中,三极管是放大器的核心,信号源 u_S 是需要进行放大的电信号,R_L 是负载。

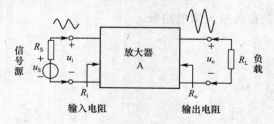

图 2-1   放大电路的结构

输出信号的能量实际上是由直流电源提供的,只是经过三极管的控制,使之转换成信号能量提供给负载。如图 2-2 所示的扩音机电路,就是一个典型的放大电路。

声音 ⇒ 话筒(传感器) 放大电路 扬声器(执行机构) ⇒ 声音

图 2-2 扩音机电路示意图

二、三极管的结构与类型

三极管由两个 PN 结构成,根据 PN 结连接方式的不同,三极管可分为 NPN 型和 PNP 型两种,分别如图 2-3(a)、图 2-3(b)所示。图 2-3(c)、图 2-3(d)为对应的图形符号。

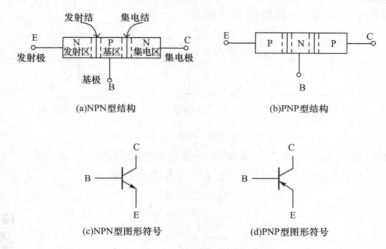

(a)NPN型结构   (b)PNP型结构

(c)NPN型图形符号   (d)PNP型图形符号

图 2-3 三极管内部结构及图形符号

三极管内部有发射区、基区和集电区三个区,由这三个区引出的三个极分别叫作发射极(E)、基极(B)和集电极(C)。两个 PN 结分别叫作发射结和集电结。在三极管的图形符号中,发射极箭头的方向表示发射结正偏时发射极电流的实际方向。NPN 型与 PNP 型三极管的发射极电流的方向相反,二者可以在应用上形成互补。三极管按制作材料不同,可分为硅管和锗管两种。

三极管的结构特点是发射区掺杂浓度很高,基区掺杂浓度很低且很薄,集电区掺杂浓度小于发射区,但面积较大。三极管的结构特点是三极管具有放大作用的内因,其放大作用的本质是它的电流控制作用,即 i_b 对 i_c 和 i_e 的控制作用。

三极管工作在放大状态的外部条件是:发射结正偏、集电结反偏。对于 NPN 型的管子,应满足 $U_C > U_B > U_E$;对于 PNP 型的管子,应满足 $U_C < U_B < U_E$。

如图 2-4 所示为 NPN 型三极管在放大状态下的偏置电路,其中,R_B 和 R_C 在偏置电路中对电流起限制作用。V_{BB} 使发射结正偏,直流电源 V_{CC} 使集电结反偏。由图 2-4 可知,$u_{CB} = u_{CE} - u_{BE}$。当 $u_{CE} > u_{BE}$ 时,$u_{CB} > 0$,保证集电结反向偏置。同理,读者不难得出 PNP 型三极管在放大状态下的偏置电路。

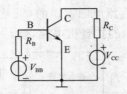

图 2-4　NPN 型三极管在放大状态下的偏置电路

三、三极管的电流关系

三极管在实际应用时,总要将它的三个极组成一个输入端和一个输出端,其中一个极为输入、输出回路的公共端。按公共端的不同,将三极管电路分为共发射极(简称共射)、共基极(简称共基)、共集电极(简称共集)三种基本组态。图 2-5 所示为三种基本组态的对应电路。不同组态的电路,其特性存在差异。

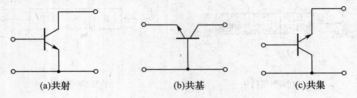

| (a)共射 | (b)共基 | (c)共集 |

图 2-5　三极管三种组态的对应电路

三极管各电极的电压与电流关系构成三极管的外部特性。由图 2-6 可得三极管发射极电流(I_E)、集电极电流(I_C)和基极电流(I_B)三者之间应满足

$$I_E = I_B + I_C \qquad (2-1)$$

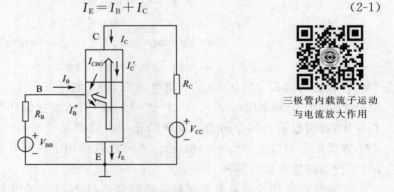

三极管内载流子运动
与电流放大作用

图 2-6　三极管的电流分配关系

当三极管工作在放大状态时,集电极电流是基极电流的 β 倍,即

$$\beta = I_C / I_B \qquad (2-2)$$

式中,β 为三极管的电流放大倍数(系数),一般近似为常数。但不同型号管子的 β 值不同。由式(2-2)可知 $I_C = \beta I_B$。

四、三极管的伏安特性

三极管的外特性,通常用各极电流与电压之间的关系曲线来描述,分为输入特性和输出特性。

1. 输入特性

以图 2-7(a)所示的 NPN 型三极管的共射组态电路为例,由输入回路可列出输入特性函数式,$i_B = f(u_{BE})\big|_{u_{CE}=常数}$。图 2-7(b)为对应的输入特性曲线,又称伏安特性曲线。发射结是一个正向偏置的 PN 结,因此,该曲线与正向偏置的二极管的特性曲线相同。三极管输出电压 u_{CE} 对 i_B 的影响较小,因此,输入特性通常用一条曲线表示。

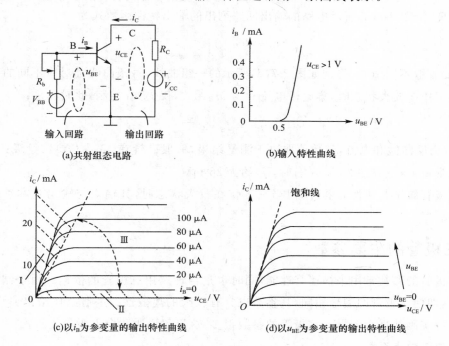

(a)共射组态电路

(b)输入特性曲线

(c)以 i_B 为参变量的输出特性曲线

(d)以 u_{BE} 为参变量的输出特性曲线

图 2-7 NPN 型三极管的共射组态电路及其特性曲线

由图 2-7(b)可见,只有当 u_{BE} 大于 0.5 V(该电压称为三极管的死区电压)时,i_B 才随 u_{BE} 的增大而迅速增大。这时,管子呈导通状态,其基极与发射极之间的电压 u_{BE} 叫作三极管的导通电压,一般用 $U_{BE(on)}$ 表示。三极管的导通电压与制造材料有关,硅管的导通电压约为 0.7 V,锗管的导通电压约为 0.3 V。

2. 输出特性

(1)以 i_B 为参变量的 i_C-u_{CE} 关系

由图 2-7(a)所示电路的输出回路列出的输出特性函数式为

$$i_C = f(u_{CE})\bigg|_{i_B=常数}$$

由于三极管的基极输入电流 i_B 对输出参数有较大影响,所以不同的基极电流有不同的 i_C-u_{CE} 关系,由此得到图 2-7(c)所示的一组曲线,这就是三极管的输出特性曲线。

从输出特性曲线可以得到三极管的三个不同工作区域:饱和区、截止区和放大区。

三极管工作在不同的区域,其特点也不同,具体如下:

①饱和区（Ⅰ）：i_C 与 i_B 无关，即电流失去控制，并且集-射极的压降 u_{CE} 较小，一般可认为 C、E 间短路。

②截止区（Ⅱ）：i_C 很小，集-射极相当于开路。

③放大区（Ⅲ）：i_C 受 i_B 控制，与 u_{CE} 基本无关。放大电路中的三极管都工作在该区域。

（2）以 u_{BE} 为参变量的 i_C-u_{CE} 关系

同理，由图 2-7（a）所示电路的输出回路列出的输出特性函数式为

$$i_C = f(u_{CE})\Big|_{u_{BE}=常数}$$

当 u_{BE} 取不同值时，得到如图 2-7（d）所示的一组曲线，每条曲线都对应不同的 u_{BE} 值。当管子工作在放大状态时，集电极电流 i_C 与 u_{CE} 无关，仅受 u_{BE} 控制，此时满足：

$$i_C = I_S \cdot e^{\frac{u_{BE}}{U_T}} \tag{2-3}$$

式中，I_S 为反向饱和电流，其数值取决于测量结果，一般硅管在 10^{-14}（A）数量级；U_T 为温度电压常量，当室温在 25 ℃ 左右时，U_T 约为 26 mV。

三极管属于非线性元器件，但当它工作在放大状态时，其输入与输出基本符合线性关系。

五、三极管的主要参数

三极管的参数常用来描述其性能，同时也是合理选用三极管的依据。由于制造工艺的关系，即使三极管的型号相同，其参数也具有较大的离散性。手册上仅给出典型值，使用时应以实测数据为依据。三极管的参数很多，这里仅说明几个主要参数。

1. 电流放大系数

电流放大系数是表征三极管放大能力的重要参数，分为直流放大系数和交流放大系数。

（1）共发射极电流放大系数 $\bar{\beta}$ 和 β

共发射极直流电流放大系数用 $\bar{\beta}$ 表示，定义为

$$\bar{\beta} = \frac{I_C}{I_B}$$

式中，I_C、I_B 分别为三极管集电极和基极的直流电流。

共发射极交流电流放大系数用 β 表示，定义为

$$\beta = \frac{\Delta i_C}{\Delta i_B}$$

式中，Δi_C、Δi_B 分别为三极管集电极和基极的电流变化量。

$\bar{\beta}$ 和 β 的定义不同，$\bar{\beta}$ 反映三极管在直流工作状态下的电流放大能力，而 β 则反映三极管在交流工作状态下的电流放大能力。对于同一只三极管，其直、交流放大系数在数值上会有差别，但是当三极管工作在放大区域时，二者基本相同，即 $\beta = \bar{\beta}$，并近似为常数。因

此,以后不再对二者进行区分,统称为三极管共发射极电流放大系数,并用β表示。

三极管的β值太大或太小都不好,一般选用β值为$20\sim100$的三极管为宜。

(2)共基极电流放大系数$\bar{\alpha}$和α

共基极直流电流放大系数用$\bar{\alpha}$表示,定义为

$$\bar{\alpha} = \frac{I_C}{I_E}$$

共基极交流电流放大系数用α表示,定义为

$$\alpha = \frac{\Delta i_C}{\Delta i_E}$$

如前所述,一般情况下,$\alpha \approx \bar{\alpha}$,因此二者可以混用,统称为三极管共基极电流放大系数,并用α表示。

三极管共发射极电流放大系数β与共基极电流放大系数α之间满足关系式

$$\alpha = \frac{\beta}{(1+\beta)} \tag{2-4}$$

由式(2-4)可知,同一只管子的共基极电流放大系数小于其共发射极电流放大系数,即$\alpha < \beta$。

2. 极间反向电流

极间反向电流是表征三极管工作稳定性的参数。当环境温度升高时,极间反向电流增大,三极管将不再稳定工作。

(1)反向饱和电流I_{CBO}

当发射极开路时,集电极与基极之间的电流称为反向饱和电流,用I_{CBO}表示。室温条件下,小功率硅管的I_{CBO}一般小于$1~\mu A$,锗管约为$10~\mu A$。

I_{CBO}越小,管子质量越好。由于I_{CBO}随温度的升高会迅速增大,因此在稳定性要求较高的电路中或环境温度变化较大时,应选用硅管。

(2)穿透电流I_{CEO}

当基极开路时,集电极与发射极之间的电流称为穿透电流,用I_{CEO}表示。由前面的讨论可知,$I_{CEO} = (1+\beta)I_{CBO}$,所以$I_{CEO}$比$I_{CBO}$大得多,便于测量。因此,经常通过测量$I_{CEO}$来判断管子的性能好坏。

3. 极限参数

极限参数是表征三极管能否安全工作的临界条件,也是选择管子的依据。

(1)集电极最大允许电流I_{CM}

前面指出,三极管在放大区正常工作时β值基本不变,但是,当集电极电流I_C增大到一定程度时,β值会减小。I_{CM}是指β出现明显减小时I_C的值。如果三极管在使用中集电极电流大于I_{CM},这时管子不一定会损坏,但它的性能将明显变差。

(2)集电极最大允许功耗P_{CM}

三极管工作时,集-射极的电压大部分加在集电结上,因此,集电极功率损耗(简称功

耗)近似等于集电结功耗,并用 P_C 表示。P_C 值太大将使集电结温度升高,严重时管子将被烧坏,由此引出三极管集电极最大允许功耗 P_{CM}。三极管在实际使用时,必须满足 $P_C < P_{CM}$。

（3）反向击穿电压 $U_{(BR)CEO}$、$U_{(BR)CBO}$、$U_{(BR)EBO}$

$U_{(BR)CEO}$ 为基极开路时,集电结不致击穿而允许施加在集-射极的最大电压。$U_{(BR)CBO}$ 为发射极开路时,集电结不致击穿而允许施加在集-基极的最大电压。$U_{(BR)EBO}$ 为集电极开路时,发射结不致击穿而允许施加在射-基极的最大电压。$U_{(BR)CBO} > U_{(BR)CEO} > U_{(BR)EBO}$。

根据三个极限参数 I_{CM}、P_{CM}、$U_{(BR)CEO}$ 可以确定三极管的安全工作区,如图 2-8 所示。这是一条双曲线,曲线左侧的范围内三极管集电极功耗小于 P_{CM},称为安全工作区,而曲线右侧的范围内集电极功耗大于 P_{CM},称为过损耗区。

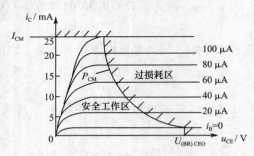

图 2-8　确定三极管的安全工作区

六、三极管的命名方法

国产三极管的命名方法与二极管相似。它由五部分组成:第一部分表示电极数目,用阿拉伯数字"3"表示;第二部分表示材料和极性,用大写汉语拼音字母表示;第三部分表示类型(按功能划分),用大写汉语拼音字母表示;第四部分表示生产序号,用阿拉伯数字表示;第五部分表示规格,用大写汉语拼音字母表示。

例如:3DG6A 型,表示高频小功率 NPN 型、硅材料 A 档三极管。

符号中各部分的含义如下:

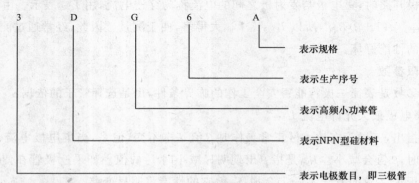

表 2-1 列出了三极管型号组成部分的符号及其意义。

表 2-1　　　　　　　　　　　三极管型号组成部分的符号及其意义

第一部分		第二部分		第三部分				第四部分		第五部分	
符号	意义	符号	意义	符号	意义	符号	意义	符号	意义	符号	意义
3	三极管	A	PNP 型锗材料	P	普通管	G	高频小功率管	1	生产序号	A	规格
		B	NPN 型锗材料	V	微波管	D	低频大功率管	2		B	
		C	PNP 型硅材料	W	稳压管	A	高频大功率管	3			
		D	NPN 型硅材料	C	参量管	T	半导体闸流管	…			
		E	化合物材料	Z	整流管	Y	体效应管				
				L	整流堆	R	雪崩管				
				S	隧穿管	CS	场效应管				
				N	阻尼管	FH	复合管				
				U	光电管	JG	激光器件				
				K	开关管						
				X	低频小功率管						

注:如果第一、二、三部分均相同,仅第四部分不同,则表示同类型管子在某些性能上有差别。

实操训练 1　晶体三极管认识与检测

1.训练目的

(1)认识晶体三极管,了解判别晶体三极管管型、管脚以及质量的方法。

(2)能够测量晶体三极管的 β 值。

2.使用仪器和设备

万用表、晶体三极管 3DG6×3(要求管子特性参数一致或为 9011×3)、电阻器、插接线等。

3.训练内容

晶体三极管内部有两个 PN 结,在结构上可以把晶体三极管看作两个背靠背的 PN 结。对 NPN 型三极管来说,基极是两个 PN 结的公共阳极;对 PNP 型三极管来说,基极是两个 PN 结的公共阴极,分别如图 2-9(a)、(b)所示。因此其管脚、类型及性能优劣都可通过万用表的欧姆挡进行检测。

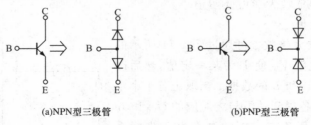

(a)NPN型三极管　　　　　　　　　　　(b)PNP型三极管

图 2-9　晶体三极管结构示意图

(1)管型与基极(B)的判别

将万用表置于 R×1 k 挡,黑表笔(正极)接到某一假设的三极管"基极"管脚上,红表笔(负极)先后接另外两个管脚。如果两次测得的电阻值都很大(或都很小),而且对换表笔后两个电阻值又都很小（或都很大），则可确定假设的"基极"是正确的；若以上步骤所测得的电阻值一大一小，则假设的"基极"是错误的，此时要重新假设一个管脚为"基极"，重复上述过程。

基极（B）确定后，用黑表笔接基极，红表笔接另外两极。如果测得的电阻值都很小，则三极管为 NPN 型，反之为 PNP 型。

（2）集电极（C）和发射极（E）的判别

以 NPN 型三极管为例，在基极以外的两个电极中假设任意一个为"集电极"，并在已确定的基极和假设的"集电极"之间接入一个大电阻 R，如图 2-10 所示（实测中也可用拇指和食指接触两极，用人体电阻替代电阻 R），将万用表的黑表笔搭接在假设的"集电极"上，红表笔搭接在假设的"发射极"上。如果万用表指针偏转较大，则以上假设正确；如果指针偏转较小，则假设不正确。为准确起见，一般将基极以外的两个电极先后假设为"集电极"进行两次测量，万用表指针偏转角度较大的那次测量中，与黑表笔相连的才是三极管的集电极（C）。如果是 PNP 型三极管，在测量时只须将红、黑表笔对调一下位置，上述判别过程和方法同样成立。

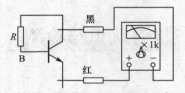

2-10 三极管集电极和发射极的判别

（3）β 值的测量

三极管电流放大倍数 β 有两种测量方法，一为估测法，二为定量测量法。第一种方法比较简单，但它只能定性地判断管子电流放大倍数的大小，要想知道 β 的数值，只能应用第二种方法。

①估测 β 值

将万用表欧姆挡置于 R×1 k 挡，黑、红表笔分别与 NPN 型三极管的集电极（C）、发射极（E）相接。当在基极（B）和集电极（C）之间接入电阻后，万用表指针会右偏，即 C、E 间电阻变小，如果偏转角度大，则说明三极管的电流放大能力强，β 值大；若偏转角度小，则说明三极管的电流放大能力低，β 值小。

②定量测量 β 值

三极管电流放大倍数 β 可通过图 2-11 所示的电路测量。调节电源 V_{BB} 使 I_B 为某一定值，然后改变 V_{CC} 分别读出 U_{CE} 和 I_C 的数据。当取定若干个不同的 I_B 值时，就可各得到一组与之对应的 U_{CE} 和 I_C 值，再将测试结果用逐点描图法画在直角坐标系 I_C-U_{CE} 中，即得到输出特性曲线。在输出特性曲线的放大区内，选取 I_B 值并找出对应的 I_C 值代入式（2-2），就可得到三极管的电流放大倍数 β。

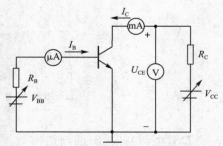

图 2-11 三极管电流放大倍数的定量测量

以上方法同样适用于 PNP 型三极管电流放大倍数的测量,但连接时要注意极性。

4. 注意事项

(1)不能使用 R×1 挡或 R×10 k 挡进行测量,以免使晶体三极管损坏。

(2)测量反向电阻时,两只手不允许同时接触两个管脚,以免使晶体三极管并联人体电阻影响测量结果。

5. 实验报告

(1)记录实验的测试过程、结果。

(2)查阅资料,说明晶体三极管的主要应用。

知识链接 2　共射放大电路分析

　　放大器是所有电子设备的核心,而由单个三极管构成的基本放大器又是其他各种放大器(如差动放大器、推挽功率放大器等)的核心。根据三极管的三种不同组态,放大器可分为共发射极放大器(简称共射放大器)、共集电极放大器(简称共集放大器)和共基极放大器(简称共基放大器)三种基本形式。

一、信号的输入和输出

　　三极管放大器有一个重要的问题:怎样把待放大的信号引入并把放大后的信号取出,同时又不破坏三极管的正常工作状态。常用方式有三种,即直接耦合输入/输出方式、阻容耦合输入/输出方式和变压器耦合输入/输出方式,如图 2-12 所示。

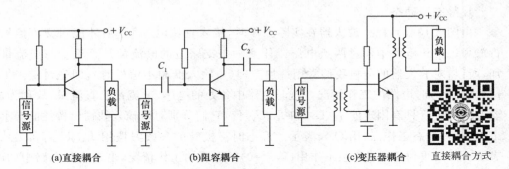

(a)直接耦合　　　　(b)阻容耦合　　　　(c)变压器耦合

图 2-12　信号的三种输入/输出方式

直接耦合方式

阻容耦合方式

变压器耦合方式

　　三种输入/输出方式(耦合方式)各具特点:直接耦合输入/输出方式既能放大交流信号,又能放大变化缓慢的信号或直流信号,但信号源和负载会影响放大器的直流状态,如果配合不好就可能影响放大器正常工作。阻容耦合输入/输出方式通过耦合电容 C_1 和 C_2 将信号源、放大器和负载连接起来,耦合电容具有"隔直通交"作用。当耦合电容足够大时,它只能传递交流信号,从而避免了信号源和负载对放大器直流工作状态的影响,因此阻容耦合方式只能放大交流信号。变压器耦合输入/输出方式的特点与阻容耦合输入/输出方式的特点相似,电路的直流工作状态较稳定,并且只能作为交流放大器,但是,由于变压器的缘故,电路对中低频信号传递效果差。

二、共射放大电路的组成

如图 2-13(a)所示为共射放大器的原理电路,其中三极管 VT 起电流放大作用,直流电源 V_{CC} 和 V_{BB} 一方面通过电阻 R_C、R_B 为三极管提供合适的静态偏置,另一方面为电路提供能量;C_1、C_2 为耦合电容,起到"传递交流、隔离直流"的作用,一般要求 C_1、C_2 的电容量较大。R_C 除了能保证三极管有合适的静态偏置外,还可将三极管的电流放大转换成电压放大。但在实际放大电路中,经常用一个电源(V_{CC})来完成两个电源的功能,并且画成如图 2-13(b)所示的形式。在图 2-13(b)中,信号由三极管的基极输入,从集电极输出,基极与发射极构成输入回路,集电极与发射极构成输出回路,而发射极是输入、输出回路的公共端,所以,该电路称为共射放大器。

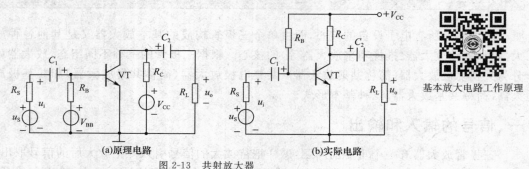

基本放大电路工作原理

(a)原理电路　　　(b)实际电路

图 2-13　共射放大器

三、电路分析方法

1. 静态和动态

由图 2-13(b)可见,放大器在实际工作时,接入直流电源 V_{CC} 后才能对交流信号 u_i 进行放大。由于电路中任意两点电压或任意一条支路上的电流都是直流量与交流量的叠加,所以,对放大器的分析我们常用叠加定理(当输入低频小信号时),即先讨论未加输入信号($u_i=0$)时电路的工作情况。这时电路中各处的电压、电流都是直流量,故称为静态。静态时三极管具有固定的 I_B、U_{BE} 和 I_C、U_{CE} 值,它们分别对应输入和输出特性曲线上的一个点,又称静态工作点,用 Q 来表示。静态时三极管的参数习惯用 I_{BQ}、U_{BEQ} 和 I_{CQ}、U_{CEQ} 表示。然后再讨论电源 V_{CC} 不作用($V_{CC}=0$)时电路的工作情况,由于这时电路中的电压、电流都是交流量,所以此时电路状态称为动态。

放大器的静态工作点 Q 需要根据三极管的参数进行估计,如果 Q 点选择不合适,放大器工作时就会产生失真或无法正常工作,这一点将在下面内容中详细讨论。

在此介绍的放大器分析方法,不仅适用于共射放大器,同样适用于共集、共基放大器。

2. 直流通路、交流通路和微变等效电路

放大器的一般分析方法是静态、动态分别进行讨论,而放大器的直流、交流通路及微变等效电路正是进行静态、动态分析的基础。

（1）直流通路、交流通路

直流通路是指放大器中直流电源单独作用($u_i=0$)时,直流电流所通过的路径;交流通路是指交流信号单独作用($V_{CC}=0$)时,交流电流所通过的路径。如果电路中存在大电容或

大电感,根据其特性,在画直流通路时应将电容开路、电感短路,而在画交流通路时则将电容短路、电感开路,并将不作用的电压源用短路线代替(如果电流源不作用就按开路处理)。

我们把图 2-13(b)所示的共射放大器重画,如图 2-14(a)所示。按上述方法将电容 C_1、C_2 开路,同时考虑到 R_S、R_L 不起作用,便得到图 2-14(b)所示的直流通路;考虑到 C_1、C_2 对交流短路,V_{CC} 对交流短路(将"$+V_{CC}$"端点直接接地),便得到图 2-14(c)所示的交流通路,习惯上将图 2-14(c)画成图 2-14(d)的形式。图 2-15(a)为分压偏置共射放大器,按上述方法分别画出其直流通路和交流通路如图 2-15(b)、(c)所示。

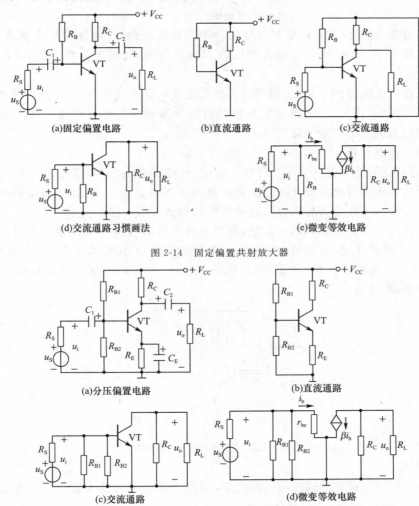

(a)固定偏置电路　　　(b)直流通路　　　(c)交流通路

(d)交流通路习惯画法　　　　　(e)微变等效电路

图 2-14　固定偏置共射放大器

(a)分压偏置电路　　　　　　　(b)直流通路

(c)交流通路　　　　　　　(d)微变等效电路

图 2-15　分压偏置共射放大器

(2)微变等效电路

微变等效电路是指放大器在低频小信号作用下的交流等效电路。三极管属于非线性器件,但在低频小信号作用下,其电流、电压基本满足线性关系,因此,三极管可用如图 2-16 所示的微变等效电路表示。由等效电路可知,从三极管的基-射极看进去可将其等效为一个电阻 r_{be},称为基-射极等效电阻,其数值的大小与三极管静态参数 I_{EQ} 和 β 有关,可按下式估算得到：

$$r_{be} = 200(\Omega) + (1+\beta)\frac{26(\text{mV})}{I_{EQ}(\text{mA})} \tag{2-5}$$

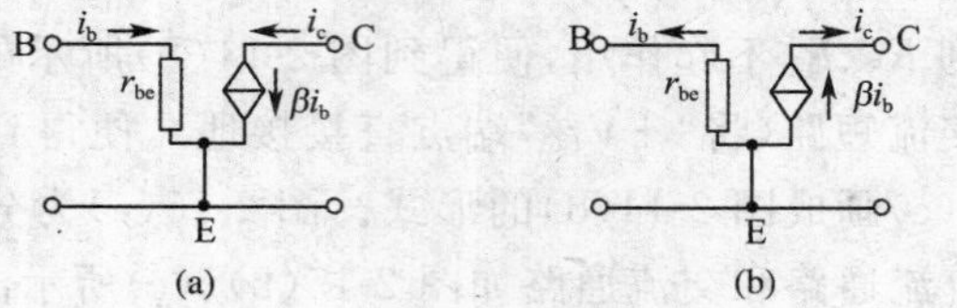

图 2-16 三极管微变等效电路

从三极管集-射极看进去可将其等效为一个受控电流源，控制量为基极电流 i_b，被控制量为集电极电流 i_c，并且 $i_c = \beta i_b$。当 i_b 的方向改变时，受控电流源 βi_b 的方向也随之改变。

在放大器交流通路的基础上，用三极管微变等效电路进行替换，就得到了放大器的微变等效电路。例如，图 2-14(e)是固定偏置共射放大器的微变等效电路，而图 2-15(d)为分压偏置共射放大器的微变等效电路。

3. 静态工作点分析

前面已经提到，放大器的实际工作状态是交、直流并存的，它以静态工作点 Q 为基点并在其附近随输入信号进行变化，因此，如果静态工作点选得不合适，将直接影响放大器的正常工作。静态工作点的分析方法包括图解法和估算法两种。

静态工作点分析无论采用哪种方法，都要从放大器的直流通路开始。下面以图 2-14所示的基本共射放大器为例介绍静态工作点的图解法和估算法。为方便起见，将图 2-14(b)所示的直流通路重画于图 2-17 中，并假设：$R_B = 400\ \text{k}\Omega$，$R_C = 3\ \text{k}\Omega$，$V_{CC} = +8\ \text{V}$，三极管为硅管，$\beta = 50$。

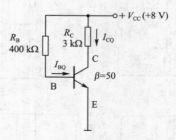

图 2-17 基本共射放大器的直流通路

（1）图解法

图解法是指在三极管的输出特性曲线上，用作图的方法求放大器中三极管的静态参数。如图 2-18 所示为图解法的具体实施。

由图 2-17 中的输入回路列出回路电压方程：$V_{CC} = I_{BQ}R_B + U_{BEQ}$，可推导出静态基极电流为

$$I_{BQ} = \frac{V_{CC} - U_{BEQ}}{R_B} = \frac{8 - 0.7}{400} \approx 20\ \mu\text{A}$$

三极管导通时，基-射极的静态电压一般恒定，并且较小，硅管约为 0.7 V，锗管约为 0.3 V，有时也可忽略不计。

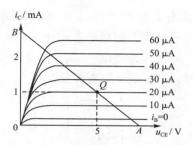

图 2-18 放大器静态工作点的图解法（输出特性曲线）

由图 2-17 可列出输出回路方程：$U_{CE} = V_{CC} - I_C R_C$。该方程为一直线方程，按直线作图法，在图 2-18 所示的 $i_C\text{-}u_{CE}$ 坐标系中任取两点 $A(i_C = 0, u_{CE} = 8 \text{ V})$ 和 $B(i_C = \dfrac{V_{CC}}{R_C} \approx$ 2.7 mA，$u_{CE} = 0)$，连接直线 AB，该直线与 $I_{BQ} \approx 20 \text{ μA}$ 这条曲线的交点就是静态工作点 Q。Q 点对应的纵、横坐标值即三极管的静态参数 I_{CQ} 和 U_{CEQ}，由图可知 $I_{CQ} \approx 1 \text{ mA}$，$U_{CEQ} \approx 5 \text{ V}$，$I_{BQ} \approx 20 \text{ μA}$。

在放大电路中三极管的 U_{BEQ} 值一般恒定（硅管约为 0.7 V，锗管约为 0.3 V），因此静态工作点常用三个参数 I_{BQ}、I_{CQ}、U_{CEQ} 来描述。

直线 AB 的斜率为 $(-1/R_C)$，它由三极管的直流负载电阻 R_C 决定，所以直线 AB 又称为直流负载线。

（2）估算法

静态工作点还可以用近似计算的方法得到，但三极管的 β 值需已知。下面仍以图 2-17 所示的电路为例介绍估算法。

由输入回路求静态电流 I_{BQ}（这一步与图解法相同），得

$$I_{BQ} = \frac{V_{CC} - U_{BEQ}}{R_B} = \frac{8 - 0.7}{400} \approx 20 \text{ μA}$$

因为三极管工作在放大区，所以

$$I_{CQ} = \beta I_{BQ} = 50 \times 20 = 1 \text{ mA}$$

由图 2-17 的输出回路得

$$U_{CEQ} = V_{CC} - I_{CQ} R_C = 8 - 1 \times 3 = 5 \text{ V}$$

可见该电路静态工作点的估算值与图解法所得结果相同。但静态工作点的图解法和估算法各有特点，前者能够比较直观地了解三极管静态工作点的位置，便于分析失真问题，而后者则比较方便。因此，实际工作中可根据具体情况选择不同的方法。

4. 动态分析

放大器的动态分析方法包括图解法和微变等效电路法两种，这两种方法都是基于放大器的交流通路。我们仍以图 2-14 所示的基本共射放大器为例，并将图 2-14(d) 所示的交流通路重画于图 2-19 中（电路元器件参数同图 2-17，并设 $R_L = 3 \text{ kΩ}$）。

（1）图解法

交流信号（u_i）输入以后，放大电路处于交、直流共存的状态，电路中电压、电流都将在

直流成分的基础上叠加交流成分。由图 2-19 所示的交流通路得到集-射极的交流电压 $u_{ce} = u_o = -i_c \cdot (R_C//R_L)$，而三极管集-射极的总电压 u_{CE} 为

$$u_{CE} = U_{CEQ} + u_{ce} = U_{CEQ} - i_c \cdot (R_C//R_L) = U_{CEQ} - i_c R_L' \qquad (2-6)$$

式中：U_{CEQ} 为静态参数，$R_L' = R_C//R_L$ 称为交流负载。

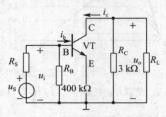

图 2-19　共射放大器交流通路（动态图解法）

式(2-6)为一直线方程，该直线的斜率为 $(-1/R_L')$，它由交流负载 R_L' 决定，静态工作点 Q 的参数同样满足该式。因此只要过静态工作点 Q 画斜率为 $(-1/R_L')$ 的直线即式 (2-6)所对应的直线，如图 2-20 所示的 MN，并把这条直线称为交流负载线。一般放大器的直流负载（如 R_C）大于其交流负载（如 $R_L' = R_C//R_L$），所以交流负载线比直流负载线更陡。若放大器不接负载 R_L，则其交、直流负载相等，这时交、直流负载线重合。注意，这一结论只对阻容耦合放大器成立。

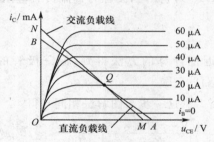

图 2-20　放大器的交流负载线

在确定静态工作点和交流负载线的基础上，利用图解法只可以画出相关电压和电流的波形，需进一步计算出各电压、电流的结果。

假设输入小信号 $u_i = 0.02\sin\omega t$（V），并画于图 2-21(a)中，由此得到两个动态工作点 Q'、Q''。说明当加入 u_i 后，电路的动态将以 Q 点为中心在 Q'、Q'' 之间进行变化。从而可画出对应的 i_B 波形，并得到 $i_B = 20 + 10\sin\omega t$（μA）。

然后在输出特性曲线上，根据 i_B 及交流负载线 MN 确定动态工作点 Q'、Q''，由此画出 i_C 和 u_{CE} 的波形，如图 2-21(b)所示。由图可知 i_C 在 1 mA 与 2 mA 之间变化，u_{CE} 在 3.5 V 和 6.5 V 之间变化，并且 u_{CE} 中的交流成分 u_{ce} 的相位与 u_i 相反，即 $i_C = 1 + 0.5\sin\omega t$（mA），$u_{CE} = 5 - 1.5\sin\omega t$（V）。由于隔直电容的作用，故放大器的输出电压为 $u_o = u_{ce} = -1.5\sin\omega t$（V）。

利用图解法，既可以获得电路的动态参数及输出，又能知道相关电压、电流的波形，这对于了解放大器是否出现失真以及该如何调整静态工作点 Q 以减小失真提供了便利条件。例如，若 u_{CE} 波形的下半波出现削

放大电路的饱和与截止失真

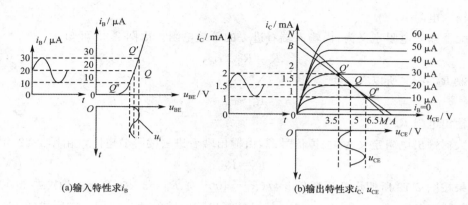

(a)输入特性求i_B (b)输出特性求i_C、u_{CE}

图 2-21　放大器图解法(动态)

波失真(称为饱和失真),说明 Q 点太高,三极管已进入饱和状态,解决办法是增加 R_B 阻值以使 Q 点下降;若 u_{CE} 波形的上半波出现削波失真(称为截止失真),则说明三极管进入截止状态,解决办法是减小 R_B 阻值以使 Q 点上移。

利用图解法分析电路,直观性强,但误差较大,不便于定量分析。所以,通常采用微变等效电路法进行动态分析。

(2)微变等效电路法

利用微变等效电路法,可以求出放大器的动态性能指标,如电压放大倍数 A_u、输入电阻 R_i 和输出电阻 R_o。

我们仍以图 2-14 所示的基本共射放大器为例,并将图 2-14(e)所示的微变等效电路重画于图 2-22 中。

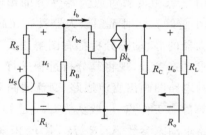

图 2-22　基本共射放大器微变等效电路

①电压放大倍数 A_u

电压放大倍数定义为:放大器的输出电压与输入电压之比,即

$$A_u = \frac{u_o}{u_i}$$

由图 2-22 的电路可知,放大器输入电压 $u_i = i_b \cdot r_{be}$,输出电压 $u_o = -\beta i_b \cdot (R_C // R_L)$,所以电压放大倍数为

$$A_u = \frac{u_o}{u_i} = \frac{-\beta \cdot i_b \cdot (R_C // R_L)}{i_b \cdot r_{be}} = -\frac{\beta(R_C // R_L)}{r_{be}} \tag{2-7}$$

式中:r_{be} 为三极管基-射极等效电阻;β 为三极管电流放大系数,负号表示输出信号与输入信号反相。

②输入电阻 R_i

放大器输入电阻定义为:由输入端看进去的等效电阻。由图 2-22 可知

$$R_i = R_B // r_{be} \tag{2-8}$$

一般 $R_B \gg r_{be}$,所以有

$$R_i \approx r_{be}$$

③输出电阻 R_o

放大器输出电阻定义为:去掉信号源,由输出端看进去的等效电阻。由图 2-22 可知

$$R_o = R_C \tag{2-9}$$

如果按图 2-19 所假设的元器件参数($R_B = 400$ kΩ、$R_C = 3$ kΩ、$R_L = 3$ kΩ、$\beta = 50$)及已经估算的静态参数($I_{EQ} \approx I_{CQ} = 1$ mA),就可计算出该电路的动态指标。应用式(2-5),得

$$r_{be} = 200(\Omega) + (1 + \beta)\frac{26(\text{mV})}{I_{EQ}(\text{mA})} = 200 + (1 + 50) \times \frac{26}{1} = 1526 \ \Omega \approx 1.53 \ \text{k}\Omega$$

应用式(2-7),得

$$A_u = -\beta\frac{R_C // R_L}{r_{be}} = -50 \times \frac{3 // 3}{1.53} \approx -49$$

应用式(2-8)和式(2-9),得

$$R_i = R_B // r_{be} \approx r_{be} = 1.53 \ \text{k}\Omega$$

$$R_o = R_C = 3 \ \text{k}\Omega$$

所以该电路的动态参数 $A_u = -49$(负号说明输出与输入信号相位相反),$R_i = 1.53$ kΩ,$R_o = 3$ kΩ。

一般情况下,为了避免信号源和负载对放大器性能的影响,要求放大器的输入电阻 R_i 越大越好,输出电阻 R_o 越小越好。同时希望放大器具有较高的电压放大倍数。

根据前面讨论可知,放大器的静、动态分析都有图解法。当需要对放大器进行定量分析时常先求静态工作点,再求动态参数,现将其分析过程进行总结:

步骤:a. 由给定放大器的电路图画出直流通路、交流通路和微变等效电路;

　　　b. 由直流通路估算静态工作点,一般认为 U_{BEQ} 已知;

　　　c. 由微变等效电路求动态参数 A_u、R_i、R_o,若 r_{be} 未知应先根据式(2-5)计算 r_{be}。

【例 2-1】　如图 2-23(a)所示为共射放大器,已知三极管为硅管,$\beta = 50$,求:(1)静态工作点 Q;(2)电压放大倍数 A_u 及输入、输出电阻 R_i、R_o。

解:(1)根据图 2-23(a)画出直流通路、交流通路和微变等效电路,如图 2-23(b)、(c)、(d)所示。

(2)由直流通路的输入回路列电压方程,注意电阻 R_B、R_E 上的电流不同。

$$V_{CC} = I_{BQ} \cdot R_B + U_{BEQ} + I_{EQ} \cdot R_E$$

因为 $I_{EQ} \approx I_{CQ} = \beta I_{BQ}$,硅管 $U_{BEQ} = 0.7$ V $\ll V_{CC} = 12$ V,所以

$$V_{CC} \approx I_{BQ}(R_B + \beta R_E)$$

$$I_{BQ} \approx \frac{V_{CC}}{R_B + \beta R_E} = \frac{12}{510 + 50 \times 1} \approx 0.021 \ \text{mA} = 21 \ \mu\text{A}$$

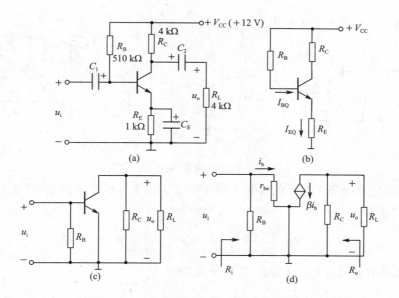

图 2-23　例 2-1 电路

利用三极管电流控制关系可得集电极电流

$$I_{CQ} = \beta I_{BQ} \approx \frac{50 \times 12}{510 + 50 \times 1} \approx 1.07 \text{ mA}$$

由直流通路的输出回路列方程得

$$U_{CEQ} \approx V_{CC} - I_{CQ}(R_C + R_E) = 12 - 1.07 \times (4 + 1) = 6.65 \text{ V}$$

（3）由微变等效电路求动态参数

根据已经计算出的静态参数 $I_{EQ} \approx I_{CQ} = 1.07$ mA，利用式（2-6）计算 r_{be}，得

$$r_{be} = 200(\Omega) + (1 + \beta)\frac{26(\text{mV})}{I_{EQ}(\text{mA})} = 200 + (1 + 50) \times \frac{26}{1.07} \approx 1439 \ \Omega \approx 1.44 \text{ k}\Omega$$

由微变等效电路得电压放大倍数

$$A_u = \frac{-\beta \cdot i_b \cdot (R_C // R_L)}{i_b \cdot r_{be}} = -\frac{\beta(R_C // R_L)}{r_{be}} = -\frac{50 \times (4//4)}{1.44} \approx -69$$

输入电阻

$$R_i = R_B // r_{be} = 510 // 1.44 \approx 1.44 \text{ k}\Omega$$

输出电阻

$$R_o = R_C = 4 \text{ k}\Omega$$

放大器动态分析主要根据微变等效电路进行，如无特殊要求交流通路可以省略。

【例 2-2】　如图 2-24（a）所示为分压偏置共射放大器，$R_{B1} = 75$ kΩ、$R_{B2} = 18$ kΩ、$R_C = 4$ kΩ、$R_E = 1$ kΩ、$R_L = 4$ kΩ、$V_{CC} = 9$ V，三极管为硅管，$\beta = 50$，求：（1）静态工作点 Q；（2）若更换管子使 β 变为 100，确定此时的静态工作点；（3）求 A_u、R_i、R_o（$\beta = 100$ 时）。

解：（1）画直流通路、微变等效电路如图 2-24（b）、（c）所示，由直流通路确定静态工作点 Q（$\beta = 50$）。

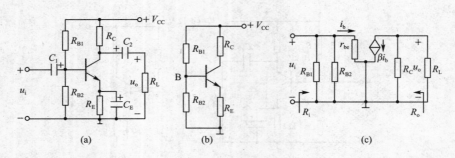

图 2-24　例 2-2 电路

分压偏置电路静态工作点的计算不同于例 2-1，由于基极电流很小，可认为 R_{B1} 与 R_{B2} 为串联，所以由分压公式得

$$U_B = V_{CC} \frac{R_{B2}}{R_{B1} + R_{B2}} = 9 \times \frac{18}{75 + 18} \approx 1.74 \text{ V}$$

R_E 电阻两端电压为 $U_B - U_{BEQ} = 1.74 - 0.7 \approx 1$ V。

R_E 电阻上的电流就是三极管射极电流 I_{EQ}，所以 $I_{EQ} = \dfrac{U_B - U_{BEQ}}{R_E} \approx 1$ mA，并且 $I_{EQ} \approx I_{CQ}$。

根据三极管电流控制关系可得基极电流

$$I_{BQ} = \frac{I_{CQ}}{\beta} = \frac{1}{50} = 0.02 \text{ mA} = 20 \ \mu\text{A}$$

由直流通路的输出回路列电压方程得

$$U_{CEQ} \approx V_{CC} - I_{CQ}(R_C + R_E) = 9 - 1 \times (4 + 1) = 4 \text{ V}$$

（2）当三极管的 $\beta = 100$ 时，由上述计算过程可知 I_{EQ}、I_{CQ}、U_{CEQ} 不会改变，只有 I_{BQ} 发生变化，并且

$$I_{BQ} = \frac{I_{CQ}}{\beta} = \frac{1}{100} = 0.01 \text{ mA} = 10 \ \mu\text{A}$$

由以上分析可知，对于更换管子引起的 β 的变化，分压偏置电路能够自动改变 I_{BQ} 以抵消 β 增大而产生的影响，使静态工作点 Q 基本不变（指 I_{CQ} 和 U_{CEQ} 不变）。与固定偏置共射放大器相比，分压偏置共射放大器的静态工作点更稳定，所以说分压偏置共射放大器是一种能够稳定静态工作点的常用电路。

（3）由微变等效电路求 A_u、R_i、R_o（$\beta = 100$）。

$$r_{be} = 200(\Omega) + (1 + \beta) \frac{26(\text{mV})}{I_{EQ}(\text{mA})} = 200 + (1 + 100) \times \frac{26}{1} \approx 2.83 \text{ k}\Omega$$

$$A_u = \frac{u_o}{u_i} = \frac{-\beta \cdot i_b \cdot R_C /\!/ R_L}{i_b \cdot r_{be}} = -\frac{\beta R_C /\!/ R_L}{r_{be}} = -\frac{100 \times 4 /\!/ 4}{2.83} \approx -71$$

$$R_i = R_{B1} /\!/ R_{B2} /\!/ r_{be} = 75 /\!/ 18 /\!/ 2.83 \approx 2.83 \text{ k}\Omega$$

$$R_o = R_C = 4 \text{ k}\Omega$$

由以上讨论可见，共射放大器输出电压 u_o 与输入电压 u_i 反相，并且电压放大倍数一般较大，输入电阻和输出电阻大小比较适中，适用于一般性放大或多级放大器的中间级。

实操训练 2　共射放大电路参数测量

1. 训练目的

(1)了解放大器电压放大倍数、输入电阻、输出电阻及最大不失真输出电压的测量方法。

(2)熟悉常用电子仪器及实验设备的使用。

2. 使用仪器和设备

(1)直流稳压电源(＋12 V)；　　　　　(2)函数信号发生器；

(3)双踪示波器；　　　　　　　　　(4)交流毫伏表；

(5)直流电压表；　　　　　　　　　(6)直流毫安表；

(7)频率计；　　　　　　　　　　　(8)万用表；

(9)晶体三极管 3DG6×1(β＝50～100)或 9011×1、电阻器、电容器若干。

3. 训练内容

实验电路如图 2-25 所示。当放大器的静态工作点调试完毕以后,将适当频率和幅度的信号接入放大器的输入端,并跟随着信号的流向逐级检查各有关点的波形、电位,并做适当调整以使指标达到要求(比如失真允许情况、增益范围等),最后进行性能参数的动态测量。

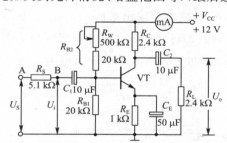

图 2-25　共射单管放大器实验电路

(1)电压增益 A_u 的测量

电压增益的测量需要用函数信号发生器、交流毫伏表、双踪示波器以及直流稳压电源等电子仪器(这些仪器的使用方法请参阅有关资料),其接线如图 2-26 所示。测量时应注意合理选择输入信号的幅度和频率。若输入信号过小,则不便于观察且易串入干扰;若输入信号过大,则会造成失真。输入信号的频率应在电路工作频带的中频区域内。

先用示波器观察输出电压 u_o 的波形,在波形不失真的情况下,用交流毫伏表分别测出输入电压 U_i 和输出电压 U_o,于是求得电压放大倍数

$$A_u = \frac{U_o}{U_i} \tag{2-10}$$

在放大器输入端加入频率为 1 kHz 的正弦信号 u_S,调节函数信号发生器的输出旋钮使放大器输入电压 $U_i \approx 10$ mV,同时用示波器观察放大器输出电压 u_o 波形,在波形不失真的条件下用交流毫伏表测量下述三种情况下的 U_o 值,并用双踪示波器观察 u_o 和 u_i 的相位关系,记入表 2-2 中。

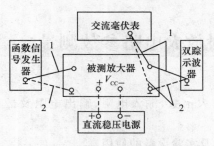

1—测试电缆芯线　2—测试电缆屏蔽层

图 2-26　放大器增益测试电路接线图

表 2-2　　　　　　　　　　　　　**测量数据**

$I_C = 2.0$ mA　　　　$U_i = $ _____ mV

$R_C/k\Omega$	$R_L/k\Omega$	U_o/V	A_u	观察并记录一组 u_i 和 u_o 波形
2.4	∞			
1.2	∞			
2.4	2.4			

（2）输入电阻 R_i 的测量

输入电阻的测量方法有很多，如图 2-27 所示的测量电路采用常用的电流电压法。图中 R 为外接测试辅助电阻，R_L 为放大器输出端所接负载电阻。给定 u_S 使 U_i' 为某一合适值（频率在频带内的中频区域），即可测得 U_i（此时要保证放大器的输出电压 u_o 为不失真正弦波）。由测得的 U_i' 和 U_i 即可得到放大器的输入电阻

$$R_i = \frac{U_i}{I_i} = \frac{U_i}{(U_i' - U_i)/R} \tag{2-11}$$

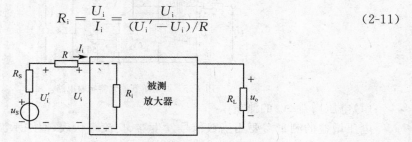

图 2-27　输入电阻测量电路

（3）输出电阻 R_o 的测量

输出电阻的测量电路如图 2-28 所示，U_{oc} 为 S 断开时（不接负载 R_L 时）的输出电压，U_o 为接入负载时的输出电压，则放大器的输出电阻为

$$R_o = \left(\frac{U_{oc}}{U_o} - 1\right) R_L \tag{2-12}$$

设 $R_C = 2.4$ kΩ，$R_L = 2.4$ kΩ，$I_C = 2.0$ mA。输入 $f = 1$ kHz 的正弦信号，在输出电压 u_o 不失真的情况下，用交流毫伏表测出 U_S、U_i 和 U_L 并记入表 2-3 中。

保持 U_S 不变，断开 R_L（断开 S），测量输出电压 U_o，记入表 2-3 中。

54

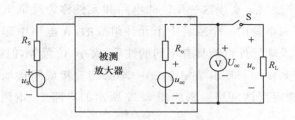

图 2-28　输出电阻的测量电路

表 2-3　　　　　　　　　　　　　　　　测量数据

$I_C = 2\ \text{mA}$　　　$R_C = 2.4\ \text{k}\Omega$　　　$R_L = 2.4\ \text{k}\Omega$

U_S /mV	U_i /mV	$R_i/\text{k}\Omega$		U_L /V	U_o /V	$R_o/\text{k}\Omega$	
		测量值	计算值			测量值	计算值

放大器的性能参数除以上三个主要值之外,还有输出波形失真及动态范围等,其他参数的测量方法读者可参阅相关资料。

4. 注意事项

(1)由于信号源都有一定的内阻,所以测量 U_i 时,必须先将信号源接入电路后再进行测量。

(2)辅助电阻 R 的取值应适当,不宜太大或太小。R 太大, U_i 变小,从而增大 R_i 的测量误差;R 太小, U_i' 与 U_i 读数接近,导致 $(U_i' - U_i)$ 误差增大, R_i 的测量误差增大。一般选取的电阻 R 与被测输入电阻 R_i 为同数量级。

(3)当被测输入电阻 R_i 很高时,不宜采用此方法。

(4)两次测量时输入电压 u_i 应保持不变, u_i 的大小应适当,以保证 R_L 接入和断开时输出电压均为不失真的正弦波。

(5)输入信号的频率应在频带内的中频区域。

(6)一般选取的电阻 R_L 与 R_o 应为同数量级。

5. 实验报告

(1)填写表 2-2、表 2-3。

(2)分析测量值与计算值不同的原因。

知识链接 3　反馈的基本概念

基本放大电路虽然能够起到放大信号的作用,但其性能指标却仍不够理想,尤其是它的工作稳定性会受到环境、温度、电源电压及负载变化等因素的影响,往往不能满足实际应用的要求,所以在放大电路中引入负反馈用于改善电路性能。

一、正反馈与负反馈

1. 反馈的概念

将放大电路输出回路的信号(电压或电流)的一部分或全部通过某一电路或元件送回

输入回路的过程,叫作反馈。实现这一反馈的电路和元件称为反馈电路和反馈元件或统称为反馈网络。反馈网络是由一个或若干个元件组成的,在电路中起到把输出信号回送给输入回路的作用。反馈元件可能具有不同的性质、大小、位置等,但有一点是相同的,它们的一端如果直接或间接地与输出端相连,另一端必定直接或间接地与输入端相连。根据以上特征,很容易确定反馈网络。例如图 2-29 所示的电路中,电阻 R_1 和 R_2 组成反馈网络。

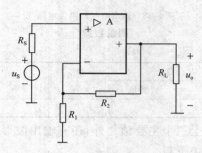

图 2-29　反馈网络

图 2-30 为反馈系统的方框图。该系统包括两个部分:方框 A 代表没有反馈的基本放大电路,电路的开环增益为 $\dot{A}$;方框 F 代表反馈系数为 $\dot{F}$ 的反馈网络。符号 $\otimes$ 表示比较环节,$\dot{X}_i$ 为电路输入信号,$\dot{X}_f$ 为反馈信号,$\dot{X}_i$ 与 $\dot{X}_f$ 比较后的输入基本放大电路的信号 $\dot{X}_{id}$ 称为净输入信号,$\dot{X}_o$ 为输出信号。

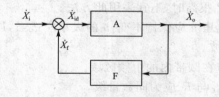

图 2-30　反馈系统的方框图

2. 正反馈与负反馈

反馈分为正反馈和负反馈。图 2-30 中,如果反馈信号与输入信号作用的结果是输入信号增强,从而使电路的增益提高,就称为正反馈;如果引入反馈的结果是输入信号削弱,从而使电路的增益减小,就称为负反馈。

正反馈与负反馈的区别是以反馈信号是起增强还是削弱净输入信号的作用而定的。正反馈起增强净输入信号的作用,主要用于振荡电路;而负反馈则起削弱净输入信号的作用,一般用于放大电路。

为了判断反馈是正反馈,还是负反馈,一般采用瞬时极性法。首先假设输入信号某一瞬间在电路输入端的极性(用＋或－表示),然后根据电路的反相或同相特性,逐级推出电路各点的瞬时极性,最后由反馈到输入端的信号瞬时极性判断是增强还是削弱了净输入信号,从而判定反馈的性质。

现以图 2-31 所示的电路为例进行判断。首先假设运放的同相输入端输入信号的瞬时极性为正，如图中"⊕"号所示。由于是同相输入，所以输出端的输出信号也为正，使反馈信号由输出端流向接地端，在 R_2 上产生反馈电压 u_f。显然，反馈电压 u_f 在输入回路与输入电压 u_i 的共同作用下使输入电压 $u_{id}=u_i-u_f$ 比无反馈时减小了，所以是负反馈。

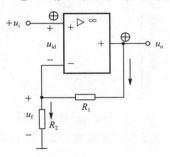

交流正负反馈的判断

图 2-31 用瞬时极性法判断反馈的性质

二、电压反馈与电流反馈

根据反馈采样方式的不同，可以将反馈分为电压反馈和电流反馈。若反馈信号是输出电压的一部分或全部，称为电压反馈；若反馈信号取自输出电流，则称为电流反馈。电压反馈可以稳定输出电压，而电流反馈可以稳定输出电流。电压反馈与电流反馈的一般判断依据是，反馈元件直接与输出端相连的是电压反馈，否则是电流反馈。如图 2-32 所示电路，图（a）为电压反馈，图（b）为电流反馈。

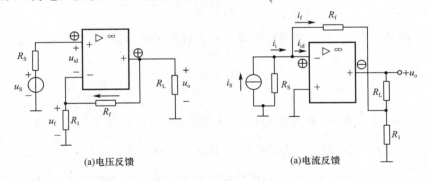

(a)电压反馈　　　　　　　　　(a)电流反馈

图 2-32 电压反馈与电流反馈

三、串联反馈与并联反馈

根据反馈信号与输入信号在输入端的叠加方式不同，可以将反馈分为串联反馈和并联反馈。当反馈信号与输入信号在输入回路以电压形式叠加时为串联反馈；若反馈信号与输入信号在输入回路以电流形式叠加时为并联反馈。判断串联反馈或并联反馈的一般方法是，反馈网络直接与输入端相连的是并联反馈，否则是串联反馈。如图 2-33 所示电路，图（a）为串联反馈，图（b）为并联反馈。

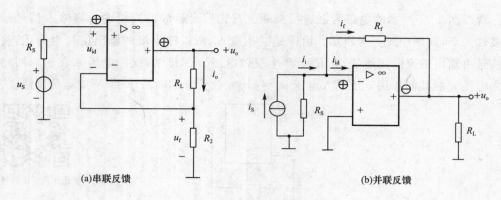

图 2-33　串联反馈与并联反馈

若反馈网络只对直流信号有反馈,则称为直流反馈;若反馈网络对交流信号也有反馈,则称为交流反馈。

四、负反馈对放大器性能的影响

1. 负反馈放大电路增益的一般表达式

由图 2-30 反馈系统的方框图可知,各信号量之间有如下关系

$$\dot{X}_o = \dot{A}\,\dot{X}_{id} \tag{2-13}$$

$$\dot{X}_f = \dot{F}\,\dot{X}_o \tag{2-14}$$

$$\dot{X}_{id} = \dot{X}_i - \dot{X}_f \tag{2-15}$$

根据上面的关系式,经整理可得负反馈放大电路闭环增益 $\dot{A}_F$ 的一般表达式

$$\dot{A}_F = \frac{\dot{X}_o}{\dot{X}_i} = \frac{\dot{A}}{1 + \dot{A}\dot{F}} \tag{2-16}$$

由式(2-16)可以看出,放大电路引入反馈后,其增益改变了。若 $|1 + \dot{A}\dot{F}| > 1$,则 $|\dot{A}_F| < |\dot{A}|$,即引入反馈后,增益减小了,其反馈为负反馈;若 $|1 + \dot{A}\dot{F}| < 1$,则 $|\dot{A}_F| > |\dot{A}|$,即引入反馈后,增益增大了,其反馈为正反馈。在有反馈的放大电路中,$|1 + \dot{A}\dot{F}|$ 是一个重要的参量,它表示引入反馈后,电路增益增加或减少的倍数。有反馈的放大电路各方面性能变化的程度都与 $|1 + \dot{A}\dot{F}|$ 的大小有关,因此,$|1 + \dot{A}\dot{F}|$ 是衡量反馈程度的一个重要指标,称为反馈深度。

当负反馈放大电路的反馈深度 $|1 + \dot{A}\dot{F}| \gg 1$ 时称为深度负反馈放大电路,在深度负反馈的情况下,放大电路的闭环增益可近似表示为

$$\dot{A}_F = \frac{\dot{A}}{1 + \dot{A}\dot{F}} \approx \frac{\dot{A}}{\dot{A}\dot{F}} = \frac{1}{\dot{F}} \tag{2-17}$$

这说明在深度负反馈放大电路中,闭环增益主要由反馈系数决定,此时反馈信号 $\dot{X}_\mathrm{f}$ 的大小近似等于输入信号 $\dot{X}_\mathrm{i}$ 的大小,净输入信号 $\dot{X}_\mathrm{id}$ 近似为零,这是深度负反馈放大电路的重要特点。

2. 负反馈放大电路的四种组态及应用

根据反馈网络与放大电路不同的连接方式,可以得到四种类型的反馈组态,即电压串联负反馈、电压并联负反馈、电流串联负反馈及电流并联负反馈。下面通过对具体电路的介绍,了解不同组态的特点。

(1)电压串联负反馈

电压串联负反馈电路见图 2-32(a),基本放大电路就是一个集成运放,用 A 表示;反馈网络由电阻 R_1 和 R_f 组成。通过前面对该电路的反馈极性与类型的判断,可知是电压串联负反馈。

电压负反馈的重要特点是维持输出电压基本恒定。例如,当 u_i 一定时,若负载电阻 R_L 减小而使输出电压 u_o 减小,则电路会有如下自动调节过程:

$$R_\mathrm{L}\downarrow\rightarrow u_\mathrm{o}\downarrow\rightarrow u_\mathrm{f}\downarrow\rightarrow u_\mathrm{id}\uparrow\rceil$$
$$u_\mathrm{o}\uparrow\!\!\longleftarrow\!\!\lfloor$$

可见,电压负反馈的引入抑制了 u_o 的减小,从而使 u_o 基本维持稳定。但应当指出的是,对于串联负反馈,信号源内阻 R_S 愈小, u_i 愈稳定,反馈效果愈好。因此电压放大电路的输入级或中间级常采用电压串联负反馈。电压串联负反馈方框图如图 2-34(a)所示。

(2)电压并联负反馈

电压并联负反馈电路见图 2-33(b),很显然电阻 R_f 是反馈元件。假设在输入端所加的信号电流 i_S 的瞬时流向如图中箭头所示,则由它引起的电路中各支路电流 i_i、i_f、i_id 的瞬时流向如图中箭头所示,这样,在 i_S 一定时,因 i_f 的分流而使净输入电流 i_id 减小,故属于负反馈。因反馈元件分别与输入、输出端直接相连,所以是电压并联负反馈。

前面已指出,电压负反馈的特点是维持输出电压基本恒定。而对于并联反馈,则是信号源内阻愈大, i_i 愈稳定,反馈效果愈好。所以电压并联负反馈电路常用于输入为高内阻的电流源信号,而要求输出为低内阻的电压信号的场合,常称为电流-电压变换器,常用于放大电路的中间级。电压并联负反馈方框图如图 2-34(b)所示。

(3)电流串联负反馈

电流串联负反馈电路见图 2-33(a)。此电路与分压偏置共射极放大电路很相似,只是这里集成运放作为基本放大电路。反馈元件是电阻 R_2。同样可用瞬时极性法判断该电路的反馈性质,由图 2-33(a)可见,当 u_S 一定时,反馈电压 u_f 使净输入电压 u_id 减小,故引入的是负反馈。由 R_2 与输入、输出回路的连接方式可以判断出电路的反馈组态为电流串联负反馈。

电流负反馈的特点是使输出电流基本恒定。例如,当 u_S 一定时,若负载电阻 R_L 增大

而使 i_o 减小,则电路会有如下自动调整过程:

$$R_L \uparrow \to i_o \downarrow \to u_f \downarrow \to u_{id} \uparrow$$
$$i_o \uparrow$$

电流串联负反馈常用于电压-电流变换器及放大电路的输入级。

实际上分压偏置共发射极放大电路就是一个有负反馈的电路。发射极电阻 R_E 是反馈元件。利用上面介绍的方法,不难判断出 R_E 引入的是电流串联负反馈。因旁路电容 C_E 的作用,R_E 只对直流信号有反馈,所以是直流电流串联负反馈。采用直流负反馈的目的就是为了稳定静态工作点。电流串联负反馈方框图如图 2-34(c)所示。

(4)电流并联负反馈

电流并联负反馈电路见图 2-32(b),反馈网络由电阻 R_1 和 R_f 构成。通过瞬时极性法可判断,当 i_S 一定时,反馈电流 i_f 的分流使净输入电流 i_{id} 减小,所以电路引入的是负反馈。从反馈网络与输入、输出回路的连接方式,还可以确定电路为电流并联负反馈。电流负反馈的特点是维持输出电流基本恒定,常用在电流放大电路中。电流并联负反馈方框图如图 2-34(d)所示。

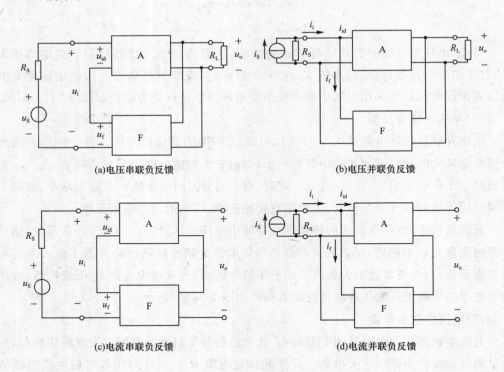

(a)电压串联负反馈　　　　　　　(b)电压并联负反馈

(c)电流串联负反馈　　　　　　　(d)电流并联负反馈

图 2-34　四种组态方框图

【例 2-3】　如图 2-35 所示为双运放电路,试判断 R_f 所形成的反馈类型。

解:首先用瞬时极性法判断反馈的性质如下:

$$u_i \uparrow \to u_{o1} \uparrow \to u_o \downarrow \to u_{id} = (u_i + u_f) \uparrow$$

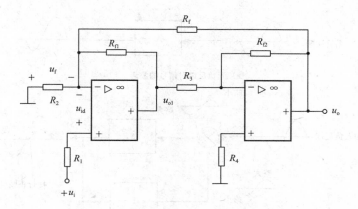

图 2-35　例 2-3 电路

　　由于反馈的作用使得电路的净输入信号增加,故为正反馈;反馈电阻 R_f 直接与电路的输出端相连,为电压反馈;反馈信号以电压形式与输入电压相叠加,是串联反馈,所以 R_f 构成两级运放之间的电压串联正反馈。

　　3. 负反馈对放大电路性能的改善

　　放大电路引入负反馈后,虽然使放大电路的增益有所减小,但却提高了电路的稳定性,而且负反馈还可以减小非线性失真、抑制干扰和扩展频带,并可根据需要灵活地改变放大电路的输入电阻和输出电阻。因此,负反馈从多方面改善了放大电路的性能。

　　(1)提高增益的稳定性

　　当反馈放大电路为深度负反馈时,由式(2-16)可知电路的闭环增益 $\dot{A}_F = \dfrac{\dot{X}_o}{\dot{X}_i} = \dfrac{\dot{A}}{1 + \dot{A}\dot{F}} \approx \dfrac{1}{\dot{F}}$,也就是说,引入深度负反馈后,放大电路增益近似取决于反馈网络,与基本放大电路几乎无关。而反馈网络一般由一些性能稳定的电阻、电容元件组成,反馈系数 $\dot{F}$ 很稳定,使 $\dot{A}_F$ 也很稳定。

　　(2)减小非线性失真

　　一个理想的放大电路,它的输入信号波形应该与输出信号波形完全一样,它们之间是线性关系。但是由于晶体管不是线性元件,放大电路的输出信号与输入信号之间就不是一个线性关系。若输入正弦信号,则输出信号不是正弦波,放大电路出现了失真现象。这种由于电路元件非线性特性造成的信号失真,叫非线性失真。

　　引入负反馈后,可以使输出波形的失真得到一定的改善。例如图 2-36(a)中正弦信号经放大后,输出信号产生失真,正半波大,负半波小。引入负反馈后,如图 2-36(b)所示,反馈信号也是正半波大,负半波小,它与输入信号叠加后,使净输入信号正半波被削弱较多,而负半波削弱较少,经放大后使输出波形得到一定程度的矫正,这样就减小了非线性失真。

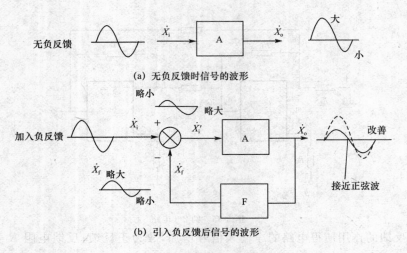

（a）无负反馈时信号的波形

（b）引入负反馈后信号的波形

图 2-36　负反馈减小非线性失真

（3）扩展频带

放大电路都有一定的频带宽度,超过这个范围的信号,增益将显著减小。一般将增益减小 3 dB 时所对应的频率范围叫放大电路的通频带,也称为带宽,用 BW 表示。引入负反馈后,电路中频区的增益要减小很多,但高、低频区的增益减小较少,使电路在高、中、低三个频区上的增益比较均匀,放大电路的通频带自然加宽。

如图 2-37 所示为放大电路无反馈时和引入负反馈后的幅频特性,无反馈时放大电路的幅频特性及通频带如图中上面的曲线所示;引入负反馈后,电路增益由 $|\dot{A}|$ 降至 $|\dot{A}_f|$,幅频特性如图中下面的曲线所示。由于增益稳定性的提高,在低频段和高频段的增益减小程度变小,使得下限频率与上限频率由原来的 f_1 和 f_2 变成 f_3 和 f_4,从而使通频带由 BW_1 加宽到 BW_2。

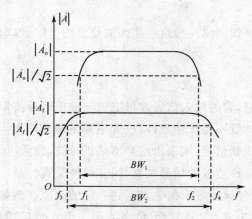

图 2-37　展宽频带

（4）改变输入电阻和输出电阻

放大电路引入负反馈后,输入、输出电阻都会受到很大的影响。负反馈对输入电阻的影响取决于输入端的反馈类型,与输出端的采样方式无关。串联负反馈使输入电阻增大,并联负反馈使输入电阻减小。负反馈对输出电阻的影响取决于输出端的采样方式,与输入端的反馈类型无关。电压负反馈使输出电阻降低,电路近似于恒压源;而电流负反馈使输出电阻增大,电路近似于恒流源。

知识链接4　集成运算放大器

集成运算放大器,简称集成运放,它是一种能对信号进行数学运算的集成放大电路。它由多级直接耦合放大电路组成,具有高电压增益、高输入电阻和低输出电阻的特点。集成运放是模拟集成电路最重要的产品之一,在电子电路中占有举足轻重的地位。

一、集成运算放大器的基本结构

集成运放的类型很多,电路也有所不同,但基本结构具有共同之处,图 2-38 所示为集成运放内部组成电路的原理方框图。

图 2-38　集成运放内部组成电路的原理方框图

图中输入级一般是由三极管(BJT)或场效应管(MOSFET)组成的差分式放大电路,利用它的对称性可以提高整个电路的共模抑制比和其他方面的性能,它的两个输入端为运放的反相输入端和同相输入端。中间级也叫作电压放大级,其主要作用是提高电压增益,可由一级或多级放大电路组成。输出级一般由电压跟随器或互补电压跟随器(互补功放电路)组成,以降低输出电阻,提高带负载能力。偏置电路由电流源电路组成,为各级提供合适的工作电流。

二、运算放大器的图形符号与主要参数

1. 运算放大器的图形符号

国家标准规定运算放大器的图形符号如图 2-39(a)所示。运放是一个多端器件,图中"▷"表示放大器,A_o 表示其开环电压增益,右侧"＋"端为输出端,u_o 是输出端对地电压;图中左侧的"－"端为反相输入端,当信号由此端与地之间输入时,输出信号与输入信号反相,这种输入方式叫作反相输入;图中左侧的"＋"端为同相输入端,当信号由此端与地之间输入时,输出信号与输入信号同相,这种输入方式叫作同相输入;正、负电压源分别用 $+V_{CC}$ 和 $-V_{EE}$ 表示。图 2-39(b)为运放的简化符号,图 2-39(c)是理想运放的符号,图 2-39(d)是规定中的旧符号。

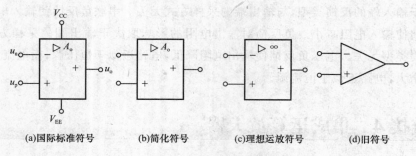

(a)国际标准符号   (b)简化符号   (c)理想运放符号   (d)旧符号

图 2-39 运算放大器的图形符号

2. 运算放大器的主要参数

在了解运算放大器的主要参数前,首先应明确差模输入信号与共模输入信号的概念。如果在集成运放的同相输入端和反相输入端输入的信号完全相同(两个输入端的输入电压大小相等、频率相同,相位也相同),即 $u_p = u_n = u_{ic}$,则把这样的输入信号 u_{ic} 叫作共模输入信号,如图 2-40(a)所示。

如果在集成运放的同相输入端和反相输入端的输入电压信号大小相等、频率相同而相位相反,即 $u_p = -u_n = \frac{1}{2} u_{id}$,则把这样的输入信号 u_{id} 叫作差模输入信号,如图 2-40(b)所示。显然,在差模输入时,有 $u_p - u_n = u_{id}$。

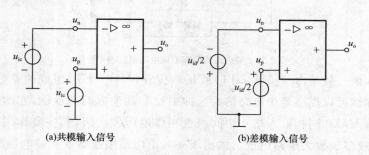

(a)共模输入信号   (b)差模输入信号

图 2-40 共模输入信号与差模输入信号

为了正确地挑选和使用运放,必须了解其主要参数,现分别介绍如下:

（1）输入失调电压 U_{IO}

理想的运算放大器,当输入电压为零时,输出电压也为零。但实际的运算放大器,即使输入电压为零,输出电压也不完全为零,在输出端往往有剩余的直流电压。这时,为了使输出电压也为零,就必须在输入端加入一个补偿电压,以抵消这一输出电压,这个在输入端加入的补偿电压称为输入失调电压,用 U_{IO} 表示。一般 U_{IO} 为 $\pm(1 \sim 10)$ mV,U_{IO} 越小,电路输入部分的对称度越高。

（2）输入偏置电流 I_{IB}

当运放输出电压为零时,两个输入端静态电流的平均值称为输入偏置电流。若两个输入端的静态电流分别为 I_{BP} 和 I_{BN},则 $I_{IB} = (I_{BP} + I_{BN})/2$,其值一般为 10 nA~1 μA。

（3）输入失调电流 I_{IO}

理想运放在输入电压为零时,同相输入端的静态电流 I_{BP} 与反相输入端的静态电流

I_{BN} 相等。但实际的运算放大器，由于元件的离散性，两个输入端的静态电流一般不相等。输入失调电流是指运放输出电压为零时两个输入端的静态电流之差，即 $I_{IO}=I_{BP}-I_{BN}$，其值一般为 1 nA~0.1 μA。

(4)开环差模电压增益 A_{uo}

开环差模电压增益是指运放在开环(即只有运放自身)情况下，输出电压与差模输入电压的比值，即 $A_{uo}=u_{od}/u_{id}$。运放很少开环使用，因此 A_{uo} 主要用来说明运算精度，通常 $A_{uo}\geqslant100$ dB。

(5)开环带宽 BW

开环带宽是指开环差模电压增益随信号频率增大而减小 3 dB 时对应的频率 f_H。

(6)差模输入电阻 r_{id}

差模输入电阻 r_{id} 是指运放在开环状态时，正、负输入端之间的差模电压与电流之比。一般 r_{id} 的值在几百千欧至几兆欧，r_{id} 越大，表示运放的性能越好。

(7)输出电阻 r_o

输出电阻 r_o 是指运放在开环状态时，由输出端看进去的等效电阻。r_o 一般在几十至几百欧之间，r_o 越小，运放带负载能力越强。

(8)共模抑制比 K_{CMR}

运放的开环差模电压放大倍数与共模电压放大倍数的比值称为共模抑制比，常用分贝表示，即 $K_{CMR}(dB)=20lg|A_{ud}/A_{uc}|$，一般情况下 K_{CMR} 在 80 dB 以上，共模抑制比表征运放抑制共模信号的能力。

三、理想运算放大器

集成运放的开环电压增益非常高，输入电阻很大，输出电阻很小，这些参数接近理想化的程度。因此，在分析含有集成运放的电路时，为了简化分析，可以将实际的运算放大器视为理想的运算放大器。理想运放是指主要参数应具有理想的特性，即：

(1)输入信号为零时，输出端恒定地处于零电位。

(2)差模输入电阻 $r_{id}=\infty$。

(3)输出电阻 $r_o=0$。

(4)开环差模电压增益 $A_{uo}=\infty$。

(5)共模抑制比 $K_{CMR}=\infty$。

(6)开环带宽 $BW=\infty$。

理想运放的图形符号见图 2-37(c)。根据上述理想特性，若运放工作在线性区，利用它的理想参数可以建立如下两条重要法则。

1. 虚短

设运放的同相和反相输入端的电压分别为 u_p 和 u_n，当运放工作在线性区时，有

$$u_o=A_{uo}(u_p-u_n)$$

由于输出电压 U_o 是有限值，而理想运放的 A_{uo} 为无穷大，故有 $u_i=u_p-u_n=0$，即

$$u_p=u_n \tag{2-18}$$

这说明理想运放两个输入端的电位相等，同相与反相输入端之间电压为零，相当于短路，常称为"虚短"。

2. 虚断

由于理想运放输入端是"虚短"的，输入电压为零，而其输入电阻 r_{id} 为无穷大，使得同相和反相输入端的输入电流等于零，即

$$i_p = i_n = 0 \qquad (2\text{-}19)$$

运放的两个输入端相当于开路，常称为"虚断"。

尽管实际运放并不具备理想特性，但一般都具有很高的输入电阻，很低的输出电阻和很高的开环差模电压增益，高性能的运放参数更接近理想特性。因此，在实际使用和分析运放时，可以近似地把它看成"理想运放"。所以，"虚短"与"虚断"的概念是分析理想运放电路的基本法则，利用此法则分析含有运算放大器的电路，可大大简化电路的分析过程。

理想运放特性应用
虚短与虚断

四、由集成运放构成的放大电路

集成运放体积小，成本低，在电路中使用时几乎可以不需要调试，而且由集成运放构成的电路的精度、稳定性、漂移和驱动能力也远远高于由分立元件构成的电路。因此，在实际电路中，一般不再由分立元件构成放大器，而是利用集成运放来构成放大器。

集成运放构成放大器根据输入方式不同，有同向比例放大电路和反向比例放大电路两种，也称为比例运算电路。由于作为放大器时，运放工作在线性区，所以分析电路时，常用到"虚短"和"虚断"的概念。

1. 反相比例运算电路

电路如图 2-41 所示。输入信号 u_i 通过电阻 R_1 加到集成运放的反相输入端，输出信号通过反馈电阻 R_f 送到运放的反相输入端，构成电压并联负反馈。运放的同相输入端经电阻 R_2 接地，R_2 叫作平衡电阻，其作用是避免运放输入的偏置电流在两个输入端之间产生附加的差模电压，所以要求运放的两个输入端对地的直流等效电阻相等，即 $R_2 = R_1 // R_f$。

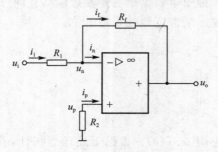

图 2-41 反相比例运算电路

由于电路存在"虚短"，即 $u_n = u_p = 0$，运放的两个输入端与地等电位，常称为"虚地"；再根据"虚断"的概念可知，$i_n = i_p = 0$，所以 $i_1 = i_f$，即

$$\frac{u_i}{R_1} = -\frac{u_o}{R_f}$$

经整理可得出输出电压与输入电压的关系为

$$u_o = -\frac{R_f}{R_1} u_i \qquad (2\text{-}20)$$

可见,输出电压与输入电压之间呈比例运算关系,其比例系数为 $-\dfrac{R_f}{R_1}$。式中的"$-$"号表示电路的输出信号与输入信号反相,当 $R_1 = R_f$ 时,比例系数为 -1,即反相器。

2. 同相比例运算电路

如图 2-42 所示为同相比例运算电路,输入信号 u_i 通过平衡电阻 R_2 加到集成运放的同相输入端,输出信号通过反馈电阻 R_f 送到运放的反相输入端,构成电压串联负反馈;反相输入端经电阻 R_1 接地。根据"虚短"和"虚断"的概念,有 $u_n = u_p = u_i$,$i_n = i_p = 0$,故 $i_1 = \dfrac{u_i}{R_1} = i_f = \dfrac{u_o - u_i}{R_f}$,则输出电压为

$$u_o = \left(1 + \frac{R_f}{R_1}\right) u_i \tag{2-21}$$

可见,同相比例运算电路的比例系数始终大于 1。当 $R_1 = \infty$ 或 $R_f = 0$ 时,比例系数等于 1,$u_o = u_i$,即电压跟随器,如图 2-43 所示。

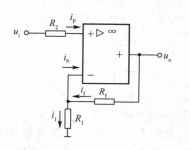

图 2-42　同相比例运算电路

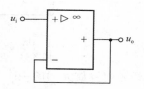

图 2-43　电压跟随器

项目制作与调试

一、教学设备与器件

教学设备:万用表、直流稳压电源、信号源、示波器、常用工具等。

元器件清单如表 2-4 所示。

表 2-4　　　　　音频前置放大器元器件清单

序号	元器件名称	规格	数量
1	集成运放	NE5532	1
2	电容	$2.2\ \mu\mathrm{F}/16\ \mathrm{V}$	3
3		$47\ \mu\mathrm{F}/16\ \mathrm{V}$	1
4	电阻	$1\ \mathrm{k\Omega}$	2
5		$22\ \mathrm{k\Omega}$	2
6		$10\ \mathrm{k\Omega}$	3
7	面包板		1

二、电路原理图

放大器可用三极管放大电路和集成运放实现。考虑到电路的性能和设计的难度，我们采用集成运放构成音频前置放大器，音量控制可用电位器实现。用集成运放构成的放大器可由同相比例运算电路和反相比例运算电路构成，由图 2-41、图 2-42 和式(2-20)、式(2-21)可知，只要根据放大倍数要求，确定 R_f 与 R_1 的阻值即可。

音频前置放大器电路原理图如图 2-44 所示。

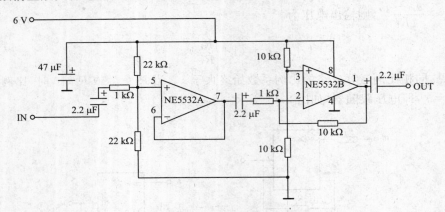

图 2-44　音频前置放大器电路原理图

图 2-44 是音频前置放大器的一个声道，分为两级。第一级为电压跟随器，第二级为放大电路，该放大电路为反相比例放大电路，其电压放大倍数约为 10 倍。图 2-44 中电源和地之间两个 22 kΩ 的电阻和两个 10 kΩ 的电阻的作用是给集成运放一个合适的静态工作点，47 μF 的电容的作用是退耦，输入、输出端电容的作用是隔直流。

三、电路制作

1. 元器件的识别

（1）NE5532 管脚的识别

NE5532 的管脚图可通过上网或查阅元器件手册得到。如图 2-45 所示为 NE5532 的管脚图。NE5532 是双运放。8 脚为正电源，4 脚为负电源。其他管脚功能如图 2-45 所示。

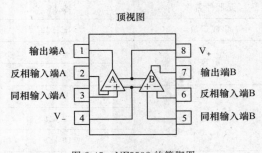

图 2-45　NE5532 的管脚图

(2)电阻的识别

常用电阻有 4 环电阻和 5 环电阻两种。以 5 环电阻为例,前 4 环表示电阻值,其中前 3 环表示数值,第 4 环表示乘的次方数,第 5 环表示误差。表 2-5 是电阻色环颜色-电阻值对照表。

表 2-5   电阻色环颜色-电阻值对照表

颜色	1	2	3	倍率	误差
黑	0	0	0	10^0	—
棕	1	1	1	10^1	±1%
红	2	2	2	10^2	±2%
橙	3	3	3	10^3	—
黄	4	4	4	10^4	—
绿	5	5	5	10^5	±0.5%
蓝	6	6	6	—	±0.25%
紫	7	7	7	—	±0.1%
灰	8	8	8	—	—
白	9	9	9	—	—
金	—	—	—	10^{-1}	±5%
银	—	—	—	10^{-2}	±10%

2.电路的插接

(1)按照电路原理图在面包板上插接电路。

(2)本项目用单电源,正电源接+6 V,负电源接地。

(3)集成运放 NE5532 的管脚不要接错。

(4)注意电容的极性,电容不要接反。

四、电路的调试与验收

1.调试方法

(1)静态调试

①接通电源,测量 8 管脚和 4 管脚电位是否分别为 6 V 和 0。

②分别测量 5 管脚、6 管脚、2 管脚、3 管脚电位,观察是否为 3 V。

(2)动态调试

①输入端输入交流小信号($U_{iP-P}=30$ mV,$f=1$ kHz),用示波器分别测量两级输出端(7 管脚和 OUT 端)电压,观察其波形,记录其峰-峰值。

②改变输入信号频率,记录输出电压幅度,填入表 2-6,观察通频带是否达到技术指标要求,并画出幅频特性曲线。

表 2-6　　　　　　　　　　　　　　测量音频前置放大器的通频带

f/Hz	20	50	80	150	500	1 k	5 k	10 k	15 k	20 k	25 k	30 k
U_o/V												

(3)验收电路,填写项目验收记录单,如表 2-7 所示。

表 2-7　　　　　　　　　　　　音频前置放大器制作项目验收记录单

班级＿＿＿＿＿＿＿＿＿＿＿＿＿　　学号＿＿＿＿＿＿＿＿＿＿＿＿＿　　姓名＿＿＿＿＿＿＿＿＿＿＿＿＿

验收时间	调试/验收项目	参数	评价标准				验收情况				评分
		静态各管脚电压	8 脚	4 脚	5 脚	6 脚	8 脚	4 脚	5 脚	6 脚	
	第一级 (跟随器)		6 V	0	3 V	3 V					
		输入电压	30 mV$_{\text{P-P}}$								
		输出电压	30 mV$_{\text{P-P}}$								
		电压放大倍数	1 倍								
		静态各管脚电压	2 脚		3 脚		2 脚		3 脚		
			3 V		3 V						
	第二级 (放大器)	输入电压	30 mV$_{\text{P-P}}$								
		输出电压	300 mV$_{\text{P-P}}$								
		电压放大倍数	8～10 倍								
		通频带	80 Hz～20 kHz								
		电路布局	合理、美观、清晰								
验收结论											
教师及学生签字											

2. 容易出现的问题及解决方法

(1)8 管脚无电压:检查电源是否接通。

(2)5 管脚、6 管脚、2 管脚、3 管脚电位不等于 3 V:检查管脚是否接错,电阻值是否有误。

(3)输出端无信号输出:检查输入端是否有信号。

(4)放大倍数不正确:检查 NE5532 反馈电阻阻值是否有误。

考核与评价标准

1. 考核要求

(1)正确识别电阻、电容、三极管、集成运放等元器件,能使用万用表、低频信号发生器、模拟示波器等仪器测量电路的参数。

(2)能自行设计由集成运放构成的放大电路,能够利用网络和各种资料熟悉集成运放的管脚功能,画出简单放大电路图。

(3)能够按照电路原理图在面包板上插接电路。

要求在给定的时间内完成以下工作:

①选择正确的元器件。

②正确插接电路,要求布局合理、美观。

③测试、调试电路,通过验收。

(4)完成项目设计报告。

报告字数在 2000 字以上,手写或打印均可,但要求统一用 A4 纸,注明页码并装订成册。报告应包括以下内容:

①项目设计报告封面。

②工作计划。

③项目背景和要求。

④要达到的能力目标。

⑤电路设计,计算、选择外围元器件的参数,简单分析电路的工作原理。

⑥电路图,所用仪器清单,制作过程记录。

⑦电路的调试过程。

⑧电路制作、调试结果(实际制作电路的技术指标)。

⑨制作和调试过程中出现的问题及解决情况。

⑩收获及体会。

(5)答辩时正确回答问题。

2. 考核标准

(1)优秀

①能够正确识别三极管、集成运放等元器件,能使用万用表、低频信号发生器、模拟示波器等仪器测量电路的参数。

②能够自行设计由集成运放构成的放大电路,画出电路图,计算元器件参数,并能正确分析电路的工作原理。

③具备较强的实验操作能力,基本能独立焊接、调试电路。

④按时完成项目设计报告,并且报告结构完整、条理清晰,具有较好的表达能力。

⑤答辩中回答问题正确,表述清楚。

⑥理论分析透彻、概念准确。

⑦能独立完成项目设计全部内容。

⑧能客观地进行自我评价、分析判断并论证各种信息。

(2)良好

达到优秀标准中的①～⑤。

(3)合格

①对电路工作原理分析基本正确,但条理不够清晰。

②能自主搭接电路,但出现问题不能独立解决。

③按时完成项目设计报告,报告结构和内容基本完整。

(4)不合格

有下列情况之一者为不合格:

①无故不参加项目设计。

②未能按时递交操作结果或项目设计报告。

③抄袭他人项目设计报告。

④未达到合格条件。

不合格的同学必须重做本项目。

延伸阅读

延伸阅读 1　共集放大器

　　知识链接 2 中我们讨论了共射放大器,但在许多场合还需要共集和共基放大器。无论哪种结构的放大器,其分析方法基本相同,都可用静态估算法和动态微变等效电路法来分析。

　　如图 2-46(a)所示为共集放大器,其中 R_B 为基极偏置电阻,图 2-46(b)、(c)、(d)分别为直流通路、交流通路和微变等效电路。由交流通路可见,输入信号加在基极和集电极之间,由发射极和集电极之间输出信号,集电极是输入和输出回路的公共端,所以称为共集放大器。由于负载电阻 R_L 接在发射极上,信号从发射极输出,故又称为射极输出器。

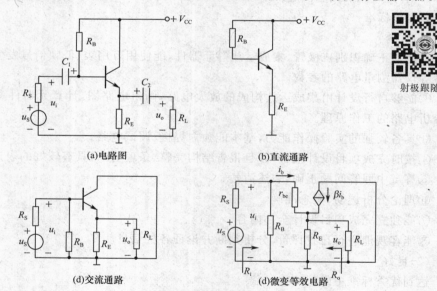

射极跟随器

(a)电路图　　　　　　　　　(b)直流通路

(d)交流通路　　　　　　　　　(d)微变等效电路

图 2-46　共集放大器(射极输出器)

1. 静态估算

　　由图 2-46(b)的直流通路可列输入回路电压方程

$$I_{BQ} R_B + U_{BEQ} + (1+\beta) I_{BQ} R_E = V_{CC}$$

由电压方程得基极电流

$$I_{BQ} = \frac{V_{CC} - U_{BEQ}}{R_B + (1+\beta) R_E}$$

集电极电流

$$I_{CQ} = \beta I_{BQ}$$

列输出回路电压方程,得

$$U_{CEQ} = V_{CC} - (1+\beta) I_{BQ} R_E$$

2. 动态参数分析

由图 2-46(d)微变等效电路可得输出、输入电压表达式

$$u_o = (1+\beta) i_b \cdot (R_E // R_L)$$

$$u_i = i_b r_{be} + (1+\beta) i_b \cdot (R_E // R_L)$$

根据电压放大倍数定义式,得

$$
\begin{aligned}
A_u = \frac{u_o}{u_i} &= \frac{(1+\beta) i_b \cdot (R_E // R_L)}{i_b r_{be} + (1+\beta) i_b \cdot (R_E // R_L)} \\
&= \frac{(1+\beta)(R_E // R_L)}{r_{be} + (1+\beta)(R_E // R_L)}
\end{aligned}
\tag{2-22}
$$

一般情况下 $(1+\beta)(R_E // R_L) \gg r_{be}$,所以 A_u 略小于 1,通常近似认为 $A_u \approx 1$。说明共集放大器的输出电压与输入电压大小相近、相位相同,故又将其称为射极跟随器。

由图 2-46(d)微变等效电路得到输入电阻 R_i

$$R_i = R_B // [r_{be} + (1+\beta)(R_E // R_L)] \tag{2-23}$$

输出电阻 R_o。

$$R_o = R_E // \frac{r_{be} + R_B // R_S}{1+\beta} \tag{2-24}$$

将式(2-8)、式(2-9)与式(2-23)、式(2-24)比较,由于 $(1+\beta)(R_E // R_L) \gg r_{be}$,所以射极输出器的输入电阻较大,输出电阻较小。

综上所述,射极输出器的主要特点是:电压放大倍数略小于 1,输出电压与输入电压同相位,输入电阻大,输出电阻小。虽然射极输出器不具备电压放大作用,但仍具有电流放大作用,并且利用输入电阻大、输出电阻小的特点,射极输出器常被用作多级放大器的输入级和输出级,或者作为中间缓冲级以实现阻抗变换作用。

延伸阅读 2　共基放大器

共基放大器如图 2-47(a)所示,其中 R_{B1}、R_{B2} 为基极分压偏置电阻,R_C 为集电极电阻,基极接大电容 C_B 以保证基极对地交流短路。图 2-47(b)、(c)、(d)分别为直流通路、交流通路和微变等效电路。由交流通路可见,基极是输入、输出回路的公共端,因此称为共基放大器。

1. 静态估算

由图 2-47(b)的直流通路可知,它与分压偏置共射放大器的直流通路图 2-24(b)完全相同。因此,静态工作点估算方法相同,这里不再赘述。

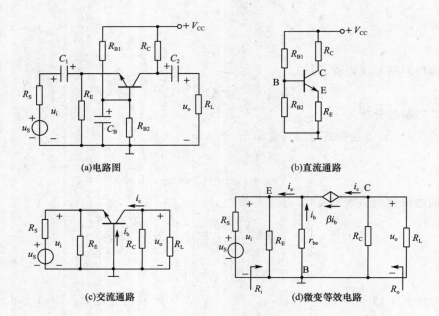

图 2-47　共基放大器

2. 动态分析

由图 2-47(d)所示的微变等效电路可分别计算其动态指标。

因为

$$u_o = -\beta i_b \cdot (R_C // R_L)$$

$$u_i = -i_b \cdot r_{be}$$

所以电压放大倍数为

$$A_u = \frac{u_o}{u_i} = \frac{-\beta i_b \cdot (R_C // R_L)}{-i_b \cdot r_{be}}$$

$$= \beta \frac{R_C // R_L}{r_{be}} \tag{2-25}$$

式中,电压放大倍数为正值,说明共基放大器的输出电压与输入电压同相位。

共基放大器输入电阻为

$$R_i = R_E // \frac{r_{be}}{1+\beta} \tag{2-26}$$

输出电阻为

$$R_o = R_C$$

共基放大器的输入电阻 R_i 阻值很小,一般只有几十欧姆,输出电阻 R_o 阻值较大。

应当指出的是,共基放大器的输入电流为 i_e,输出电流为 i_c,所以不具备电流放大作用。但由于共基放大器的频率特性较好,因此多用于高频和宽频带电路中。

3. 三种组态放大器性能比较

综合以上分析结果,我们把共射、共集和共基三种组态放大器的特点列于表 2-8 中,以供比较。

表 2-8 　　　　　　　　　　　三种放大器性能比较

	共 射 放 大 器	共 集 放 大 器	共 基 放 大 器
电路图			
静态 工作点	$I_{BQ} = \dfrac{V_{CC} - U_{BEQ}}{R_B} \approx \dfrac{V_{CC}}{R_B}$ $I_{CQ} = \beta I_{BQ}$ $U_{CEQ} = V_{CC} - I_{CQ} \cdot R_C$	$I_{BQ} = \dfrac{V_{CC} - U_{BEQ}}{R_B + (1+\beta)R_E}$ $I_{CQ} = \beta I_{BQ}$ $U_{CEQ} \approx V_{CC} - I_{CQ} \cdot R_E$	$U_B = V_{CC}\dfrac{R_{B2}}{R_{B1} + R_{B2}}$ $I_{CQ} = \dfrac{U_B - U_{BEQ}}{R_E}$ $I_{BQ} = \dfrac{I_{CQ}}{\beta}$ $U_{CEQ} \approx V_{CC} - I_{CQ}(R_C + R_E)$
R_i	$R_B // r_{be}$ （中）	$R_B // [r_{be} + (1+\beta)(R_E // R_L)]$ （高）	$R_E // \dfrac{r_{be}}{1+\beta}$ （低）
R_o	R_C （高）	$R_E // \dfrac{r_{be} + (R_B // R_S)}{1+\beta}$ （低）	R_C （高）
A_u	$-\beta\dfrac{R_C // R_L}{r_{be}}$ （高）	$\dfrac{(1+\beta)(R_E // R_L)}{r_{be} + (1+\beta)(R_E // R_L)} \approx 1$ （低）	$\beta\dfrac{R_C // R_L}{r_{be}}$ （高）
相位	u_o 与 u_i 反相	u_o 与 u_i 同相	u_o 与 u_i 同相
高频特性	差	好	好
用途	低频放大器和多级放大器的 中间级	多级放大器的输入、输出级和 中间缓冲级	高频放大器、宽频带电路和 恒流电路

延伸阅读 3 　场效应管放大器

一、场效应管基本特性

　　半导体三极管中多数载流子和少数载流子都参与导电,所以又称为双极型晶体管,而场效应管中只有多数载流子参与导电,所以称之为单极型晶体管。场效应管根据结构不同可分为两大类:结型场效应管(简称 JFET)和绝缘栅场效应管(简称 IGFET)。对于绝缘栅场效应管来说,又分为增强型和耗尽型两种,而以上每一种又有 N 沟道和 P 沟道之分,如下所示:

$$\text{场效应管}\begin{cases}\text{结型场效应管}\begin{cases}\text{P 沟道结型场效应管}\\\text{N 沟道结型场效应管}\end{cases}\\\text{绝缘栅场效应管}\begin{cases}\text{增强型绝缘栅场效应管}\begin{cases}\text{P 沟道增强型绝缘栅场效应管}\\\text{N 沟道增强型绝缘栅场效应管}\end{cases}\\\text{耗尽型绝缘栅场效应管}\begin{cases}\text{P 沟道耗尽型绝缘栅场效应管}\\\text{N 沟道耗尽型绝缘栅场效应管}\end{cases}\end{cases}\end{cases}$$

1.结型场效应管

结型场效应管简称 JFET(Junction type Field Effect Transistor), 是利用半导体内的电场效应来工作的,因而也称为体内场效应器件。结 型场效应管有 N 沟道和 P 沟道两类。

结型场效应管工作原理

（1）结构与符号

如图 2-48 所示为结型场效应管的结构示意图及其图形符号。如图 2-48(a)所示,在 一块 N 型半导体材料两边分别扩散一个高浓度的 P 型区(用 P+ 表示),形成两个 PN 结 (耗尽层)。两个 P 型区分别引出一根导线并接在一起作为一个电极,称为栅极 G,在 N 型半导体两端各引出一个电极,分别称为源极 S 和漏极 D。两个 PN 结中间的 N 型区域 称为导电沟道。这种管子称为 N 沟道结型场效应管,简称 N-JFET。按照类似的方法,可 以制成 P 沟道结型场效应管,简称 P-JEFT,如图 2-48(b)所示。箭头方向表示 PN 结正向 电流的流通方向。

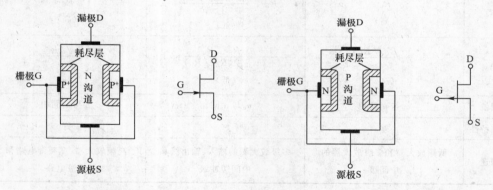

(a)N沟道结构与图形符号　　　　　　　　　　　　(b)P沟道结构与图形符号

图 2-48　JFET 的结构示意图及其图形符号

（2）N 沟道 JFET 的特性曲线

①输出特性曲线

场效应管的输出特性是指在栅源电压 u_{GS} 一定的情况下,漏极电流 i_D 与漏源电压 u_{DS} 之间的关系,即

$$i_D = f(u_{DS})\Big|_{u_{GS}=常数} \tag{2-27}$$

如图 2-49 所示为一 N 沟道结型场效应管的输出特性曲线。

图 2-49 中,管子的工作情况可分为四个区域:

在 I 区内,栅源电压为负,且绝对值越大输出特性曲线越倾斜,漏、源极间的等效电阻

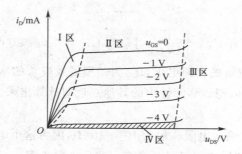

图 2-49 N 沟道结型场效应管输出特性曲线

越大。因此,在Ⅰ区中,场效应管可看作是一个受栅源电压 u_{GS} 控制的可变电阻。所以Ⅰ区称为可变电阻区。

Ⅱ区称为饱和区或恒流区。场效应管用作放大器时,一般就工作在这个区域。所以Ⅱ区也称为线性放大区。

Ⅲ区的特点是,当 u_{DS} 增至一定的数值后,由于加到沟道中耗尽层的电压太大,电场很强,致使栅、漏极间的 PN 结发生雪崩击穿,i_D 迅速上升,因此Ⅲ区称为击穿区。发生雪崩击穿后,管子不能正常工作,甚至很快就会烧毁。所以场效应管不允许工作在这个区域。

Ⅳ区是输出特性曲线靠近横轴的部分,称为截止区(也称夹断区)。此时,$i_D \approx 0$。

②转移特性曲线

电流控制器件——半导体三极管——的工作性能,是通过它的输入特性和输出特性及一些参数来反映的。场效应管是电压控制器件,由于输入电阻很高,栅极输入端基本上没有电流,故讨论它的输入特性是没有意义的。所谓转移特性,是指在一定的漏源电压 u_{DS} 下,栅源电压 u_{GS} 对漏源电流 i_D 的控制特性,即

$$i_D = f(u_{GS})\Big|_{u_{DS}=常数}$$

由于输出特性和转移特性都是反映场效应管工作的同一物理过程,所以转移特性可以直接从输出特性上用作图法求出。例如,在输出特性中,画 $u_{DS}=10\text{ V}$ 的一条垂直线,此垂直线与各条输出特性曲线相交,将各交点对应的 i_D 及 u_{GS} 值画在 i_D-u_{GS} 直角坐标系中,就可得到转移特性曲线,如图 2-50 所示。

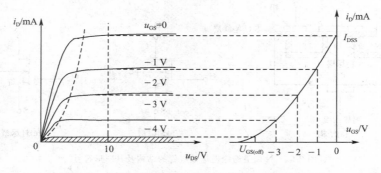

图 2-50 N 沟道结型场效应管输出特性曲线及其转移特性曲线

实验表明,在 $U_{GS(off)} \leqslant u_{GS} \leqslant 0$ 范围内,即在饱和区内,i_G 随 u_{GS} 绝对值的减小近似按平

方律上升,因而有

$$i_D = I_{DSS}\left(1 - \frac{u_{GS}}{U_{GS(off)}}\right)^2 \quad (当\ U_{GS(off)} \leqslant u_{DS} \leqslant 0\ 时) \tag{2-28}$$

式中,$U_{GS(off)}$ 为结型场效应管的夹断电压,I_{DSS} 为结型场效应管的饱和漏极电流。这样,只要给出 I_{DSS} 和 $U_{GS(off)}$ 就可以把转移特性中的其他点近似计算出来。

2. 绝缘栅场效应管

结型场效应管的直流输入电阻一般为 $10^6 \sim 10^9\ \Omega$,因为这个电阻从本质上来说是 PN 结的反向电阻,所以 PN 结反向偏置时总会有一些反向电流存在,这就限制了输入电阻的进一步提高。和结型场效应管不同,绝缘栅场效应管是利用半导体表面的电场效应进行工作的,也称表面场效应器件。由于它的栅极处于不导电状态,所以输入电阻可大大提高,最高可达 $10^{15}\ \Omega$。目前应用最广泛的绝缘栅场效应管是金属氧化物半导体场效应管,简称 MOSFET 或 MOS 管。

绝缘栅场效应管也有 N 沟道和 P 沟道两类,其中每一类又可分为增强型和耗尽型两种。所谓耗尽型,就是当 $u_{GS} = 0$ 时,存在导电沟道,即 $i_D \neq 0$,显然前面讨论的结型场效应管就属于耗尽型;所谓增强型,就是当 $u_{GS} = 0$ 时,没有导电沟道,即 $i_D = 0$。

P 沟道和 N 沟道 MOS 管的工作原理相似,本延伸阅读只讨论 N 沟道增强型绝缘栅场效应管,然后给出耗尽型 MOS 管的特点。

(1)结构与符号

N 沟道增强型绝缘栅场效应管的结构如图 2-51(a)所示。它以一块掺杂浓度较低、电阻率较高的 P 型硅半导体薄片为衬底,利用扩散的方法在 P 型硅中形成两个高掺杂的 N 型区。然后在 P 型硅表面产生一层很薄的二氧化硅绝缘层,并在二氧化硅的表面及 N 型区的表面上分别安置三个铝电极——栅极 G、源极 S 和漏极 D,就形成了 N 沟道 MOS 管,简称 NMOS 管。

由于栅极与源极、漏极之间均无电接触,故称为绝缘栅极。如图 2-51(b)、(c)所示分别为 N 沟道增强型绝缘栅场效应管和 N 沟道耗尽型绝缘栅场效应管的图形符号,箭头方向由 P(衬底)指向 N(沟道)。

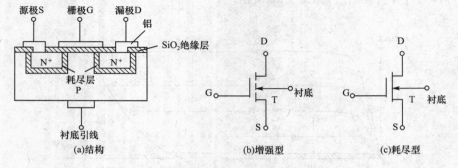

图 2-51　N 沟道绝缘栅场效应管的结构及其图形符号

同理,可以构造出 P 沟道绝缘栅场效应管,如图 2-52(a)、(b)所示分别为 P 沟道增强型绝缘栅场效应管和 P 沟道耗尽型绝缘栅场效应管的图形符号。

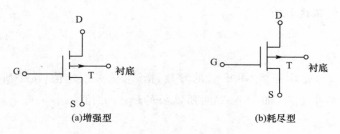

(a)增强型   (b)耗尽型

图 2-52 P 沟道绝缘栅场效应管的图形符号

（2）特性曲线

以 N 沟道增强型绝缘栅场效应管为例,分析绝缘栅效应管的外部特性。

①输出特性曲线

如图 2-53 所示为增强型 NMOS 管的输出特性曲线,与 JFET 的输出特性曲线一样,其输出特性曲线也分为四个区域。

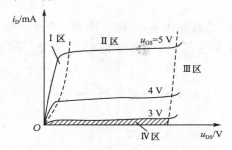

图 2-53 增强型 NMOS 管的输出特性曲线

Ⅰ区称为可变电阻区。Ⅱ区称为恒流区或放大区,场效应管用作放大器时,一般就工作在这个区域。Ⅲ区称为击穿区,场效应管不允许工作在这个区域。Ⅳ区称为截止区,此时 $i_D \approx 0$。

②转移特性曲线

增强型 NMOS 管的转移特性曲线如图 2-54 所示,它同样可以从输出特性曲线求出,作图方法与 JFET 管相同。在恒流区内,增强型 NMOS 管的 i_D 可近似表示为

$$i_D = I_{DO}(\frac{u_{GS}}{U_{GS(th)}} - 1)^2 \ (当\ u_{GS} > U_{GS(th)}\ 时) \tag{2-29}$$

式中,I_{DO} 是 $u_{GS} = 2U_{GS(th)}$ 时的 i_D 值,$U_{GS(th)}$ 为开启电压。

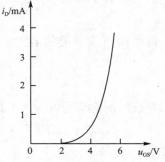

图 2-54 增强型 NMOS 管的转移特性曲线

3.场效应管的特性参数

（1）性能参数

①开启电压 $U_{GS(th)}$

开启电压 $U_{GS(th)}$ 是增强型 MOS 管的参数，指 u_{DS} 为一固定值（按手册规定，如 10 V），而使 i_D 等于某一微小电流（如 10 μA）时所需要的最小 u_{GS} 值。

②夹断电压 $U_{GS(off)}$

夹断电压 $U_{GS(off)}$ 是耗尽型 MOS 管（含 JFET）的参数，指 u_{DS} 为一固定值（按手册规定，如 10 V），而使 i_D 减小到某一微小电流（如 10 μA）时的 u_{GS} 值。

③饱和漏极电流 I_{DSS}

饱和漏极电流 I_{DSS} 是耗尽型 MOS 管的参数，指在 $u_{GS}=0$，使管子出现预夹断时的漏极电流。I_{DSS} 也是 JFET 所能输出的最大电流。

④直流输入电阻 R_{GS}

直流输入电阻 R_{GS} 是漏、源极间短路的条件下，栅、源极之间所加直流电压与栅极直流电流的比值。一般 JFET 的 $R_{GS}>10^7$ Ω，而 IGFET 的 $R_{GS}>10^9$ Ω。

⑤低频跨导（互导）g_m

低频跨导（互导）g_m 是指在 u_{DS} 为某一定值时，漏极电流 i_D 的微变量和引起它变化的 u_{GS} 微变量的比值，即

$$g_m = \left.\frac{di_D}{du_{GS}}\right|_{u_{DS}=常数}$$

g_m 反映了栅源电压 u_{GS} 对漏极电流 i_D 的控制能力，是表征场效应管放大能力的一个重要参数（对应于三极管的 β），单位为西门子（S），比较常用的是 mS 或 μS。场效应管的 g_m 一般为几毫西。

g_m，即转移特性曲线工作点的切线斜率，与管子的工作电流有关，i_D 越大，g_m 就越大。

（2）极限参数

①最大漏极电流 I_{DM}

最大漏极电流 I_{DM} 是指管子在工作时允许的最大漏极电流。

②最大耗散功率 P_{DM}

最大耗散功率 $P_{DM}=u_{DS}\cdot i_D$，它受管子最高工作温度的限制，与三极管的 P_{CM} 相似。

③漏源击穿电压 $U_{(BR)DS}$

漏源击穿电压 $U_{(BR)DS}$ 是漏、源极间所能承受的最大电压，也就是使 i_D 开始急剧上升（管子击穿）时的 u_{DS} 值。

④栅源击穿电压 $U_{(BR)GS}$

栅源击穿电压 $U_{(BR)GS}$ 是栅、源极间所能承受的最大电压。对于 JFET 来说，栅极与沟道间 PN 结的反向击穿电压就是 $U_{(BR)GS}$。对于 IGFET 来说，$U_{(BR)GS}$ 是绝缘层击穿时的电压。击穿会造成短路现象，使管子损坏。

4.场效应管与半导体三极管的性能比较

表 2-9 给出了场效应管与半导体三极管的性能比较。

表 2-9   场效应管与半导体三极管性能比较

性能	器件名称	
	场效应管	半导体三极管
导电结构	只利用多数载流子工作,称为单极型器件	既利用多数载流子,又利用少数载流子,故称为双极型器件
导电方式	多子漂移	多子浓度扩散与少子漂移
控制方式	电压控制($U_{GS} \rightarrow I_D$)	电流控制($I_B \rightarrow I_C$)
放大系数	g_m(1～5 mA/V)	β(20～200)
类型	P 沟道、N 沟道	PNP、NPN
受温度影响	小	大
噪声	较小	较大
抗辐射能力	强	差
制造工艺	简单,特别是 MOS 管,易于集成	较复杂

二、场效应管放大器

1.共源极场效应管放大器

场效应管组成的放大器和普通半导体三极管组成的放大器一样,要建立合适的静态工作点。不同的是,场效应管是电压控制器件,因此它需要有合适的栅极电压。如图 2-55 所示为共源极场效应管放大电路。

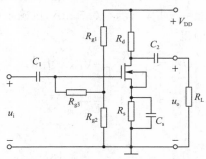

图 2-55   共源极场效应管放大电路

(1)直流静态工作点

对场效应管放大电路的直流静态工作点分析可以采用图解法或公式计算法,图解法的原理和半导体三极管的相似。下面讨论用公式计算法确定静态工作点 Q。

如图 2-56 所示为共源极场效应管放大电路的直流通路。

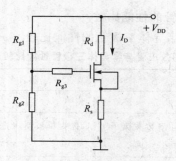

图 2-56　共源极场效应管放大电路的直流通路

漏极电压 V_{DD} 经分压电阻 R_{g1} 和 R_{g2} 分压后,通过 R_{g3} 供给栅极电压 $U_G = R_{g2} V_{DD}/(R_{g1} + R_{g2})$,同时漏极电流在源极电阻 R_s 上也产生压降 $U_S = I_D R_s$,因此,静态时加在场效应管上的栅源电压为

$$U_{GS} = U_G - U_S = \frac{R_{g2}}{R_{g1} + R_{g2}} V_{DD} - I_D R_s \tag{2-30}$$

由上式可见,适当选取 R_{g1} 和 R_{g2} 值,就可以得到各类场效应管放大电路工作时所需的正、零、负偏压。

对于由 JFET 和耗尽型 MOS 管构成的放大电路,可联立式(2-30)、式(2-28)求解,即

$$I_D = I_{DSS}(1 - \frac{U_{GS}}{U_{GS(off)}})^2$$

求解;对于增强型 MOS 管构成的放大电路,可联立式(2-30)、式(2-29)求解,即

$$I_D = I_{DO}(\frac{U_{GS}}{U_{GS(th)}} - 1)^2$$

求解。求出 U_{GS} 和 I_D 后,再利用

$$U_{DS} = V_{DD} - I_D(R_d + R_s)$$

解得 U_{DS},即所求的静态工作点 Q。

【例 2-4】　如图 2-55 所示,已知 $R_{g1} = 2\ \mathrm{M\Omega}$,$R_{g2} = 47\ \mathrm{k\Omega}$,$R_d = 30\ \mathrm{k\Omega}$,$R_s = 2\ \mathrm{k\Omega}$,$V_{DD} = 18\ \mathrm{V}$,场效应管的 $U_{GS(off)} = -1\ \mathrm{V}$,$I_{DSS} = 0.5\ \mathrm{mA}$,试确定静态工作点 Q。

解:由式(2-30)和式(2-28)得

$$\begin{cases} U_{GS} = \dfrac{R_{g2}}{R_{g1} + R_{g2}} V_{DD} - I_D R_s \\ I_D = I_{DSS}(1 - \dfrac{U_{GS}}{U_{GS(off)}})^2 \end{cases}$$

代入数据,得

$$U_{GS} = \frac{47}{2000 + 47} \times 18 - 2I_D$$

$$I_D = 0.5 \times (1 - \frac{U_{GS}}{-1})^2$$

解得

$$\begin{cases} U_{GS} = -0.21\ \mathrm{V} \\ I_D = 0.31\ \mathrm{mA} \end{cases}$$

$$U_{DS} = U_{DD} - I_D(R_d + R_s) = 18 - 0.31 \times (30 + 2) = 8.08\ \mathrm{V}$$

即所求的静态工作点 Q。

（2）交流放大特性

当输入信号很小，场效应管工作在线性放大区时，场效应管放大电路可以用微变等效电路来分析。

若用 $g_m \dot{U}_{gs}$ 表示电压 $\dot{U}_{gs}$ 控制的电流源，则和半导体三极管相似，作为双口有源器件的场效应管的等效电路如图 2-57 所示。

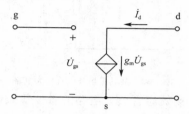

图 2-57 场效应管的微变等效电路

共源极场效应管放大电路的微变等效电路如图 2-58 所示。

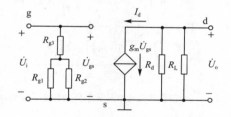

图 2-58 共源极场效应管放大电路的微变等效电路

①电压放大倍数

由于
$$\dot{U}_o = -g_m \dot{U}_{gs} (R_d // R_L) = -g_m \dot{U}_i (R_d // R_L)$$

可以有
$$\dot{A}_u = \frac{\dot{U}_o}{\dot{U}_i} = -g_m (R_d // R_L)$$

式中，负号表示输出电压与输入电压反相。

②输入电阻
$$R_i = R_{g3} + (R_{g1} // R_{g2})$$
所以，通常为了减小 R_{g1}、R_{g2} 的分流作用，选择 $R_{g3} \gg R_{g1} // R_{g2}$，所以
$$R_i \approx R_{g3}$$

③输出电阻

由图 2-58 可见，输出电阻 $R_o \approx R_d$。

由上述分析可知，共源极场效应管放大电路的输出电压与输入电压反相，与三极管共射放大电路相比，由于场效应管的跨导 g_m 较小，电压放大倍数较低，但其输入电阻却很大，故在要求高输入电阻放大电路时，经常采用上述电路。

2. 源极跟随器

如图 2-59 所示为由耗尽型 NMOS 管构成的共漏极场效应管放大电路，由其交流通路可见,漏极是输入、输出信号的公共端。由于信号是从源极输出的,也称源极跟随器。

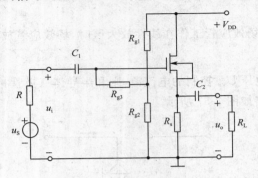

图 2-59　共漏极场效应管放大电路

如图 2-60 所示为共漏极场效应管放大电路的微变等效电路。

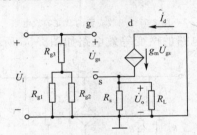

图 2-60　共漏极场效应管放大电路的微变等效电路

(1)电压放大倍数 $\dot{A}_u$

由微变等效电路求得

$$\dot{A}_u = \frac{\dot{U}_o}{\dot{U}_i} = \frac{g_m \dot{U}_{gs} R_L'}{\dot{U}_{gs} + g_m \dot{U}_{gs} R_L'} = \frac{g_m R_L'}{1 + g_m R_L'}$$

式中,$R_L' = R_s // R_L$。从该式可见,输出电压与输入电压同相,且由于 $g_m R_L' \gg 1$,所以 $\dot{A}_u$ 小于 1,但接近于 1。

(2)输入电阻 R_i

由图 2-60 可得

$$R_i = R_{g3} + (R_{g1} // R_{g2})$$

通常有 $R_{g3} \gg R_{g1} // R_{g2}$,所以

$$R_i \approx R_{g3}$$

(3)输出电阻 R_o

用加压求流法求源极输出器输出电阻的电路如图 2-61 所示。

图中信号源 $\dot{U}_s$ 已短路,保留其内阻 R,负载电阻 R_L 已去掉,在输出端外加了一电压 $\dot{U}$,可求得

$$\dot{I} = \dot{I}_s - \dot{I}_d = \frac{\dot{U}}{R_s} - g_m \dot{U}_{gs}$$

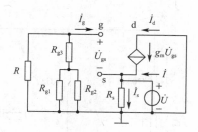

图 2-61 求源极输出器输出电阻 R_o 的电路

由于栅极电流 $\dot{I}_g = 0$，所以 $\dot{U}_{gs} = -\dot{U}$，于是

$$\dot{I} = \frac{\dot{U}}{R_s} + g_m\dot{U}$$

则

$$R_o = \frac{\dot{U}}{\dot{I}} = \frac{\dot{U}}{\dfrac{\dot{U}}{R_s} + g_m\dot{U}} = \frac{1}{\dfrac{1}{R_s} + g_m}$$

由以上分析可知，源极输出器与三极管的射极输出器有相似的特点：电压放大倍数 $\dot{A}_u \leqslant 1$，输入电阻较大，输出电阻较小。但源极输出器的输入电阻比射极输出器的输入电阻要大得多，一般可达几十兆欧，而源极输出器的输出电阻也比射极输出器的输出电阻大。

实操训练 3 场效应管放大电路的制作与参数测量

1. 训练目的

(1)掌握场效应管放大电路各参数的测量方法。

(2)能对场效应管放大电路与晶体管放大电路进行比较。

2. 使用仪器和设备

(1)万用表。

(2)低频信号发生器。

(3)双踪示波器。

(4)交流毫伏表。

(5)直流稳压电源。

(6)面包板、电路元件、插接线等。

3. 训练内容

(1)按图 2-62 制作场效应管放大电路。

(2)静态工作点的调试与测量

①调节直流稳压电源输出 $V_{DD} = 12$ V 并接入场效应管放大电路。

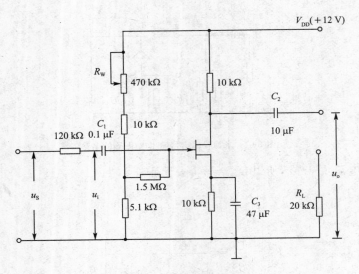

图 2-62 场效应管放大电路

②调节低频信号发生器,使其输出频率为 1 kHz,电压大小为 10 mV 的正弦信号 u_i,接入放大电路的输入端。

③将双踪示波器接电路输出端,观测输出波形。

④调节低频信号发生器的幅度旋钮,直至放大电路输出波形出现失真。

⑤调节 R_W 使输出波形上下削波程度大致一样。

⑥将低频信号发生器从电路中去掉,用万用表测量静态工作点,将数据填入表 2-10 中。

表 2-10　　　　　　　　　　场效应管放大电路静态工作点的测试

源极电位 U_S	漏极电位 U_D	$I_D=(V_{DD}-U_D)/R_d$

(3)电压放大倍数的测量

①调节低频信号发生器,使其输出频率为 1 kHz,电压大小为 100 mV 的正弦信号 u_S,接入放大电路输入端。

②先不接入负载,用交流毫伏表测量输入电压 u_i 和输出电压 u_o。

③将负载接入电路,再次测量输入电压 u_i 和输出电压 u_o,将数据填入表 2-11 中。

表 2-11　　　　　　　　　　场效应管放大电路电压放大倍数的测量

	u_i	u_o	$A_u=u_o/u_i$
未接入 R_L			
接入 R_L			

④将双踪示波器接入电路,观察输入与输出波形的大小和相位。

(4)输入电阻 R_i 的测量

①调节低频信号发生器,使其输出频率为 1 kHz,电压大小为 100 mV 的正弦信号 u_S,接入放大电路输入端。

②用交流毫伏表测量 u_S、u_i,将数据填入表 2-12 中,并计算输入电阻 R_i。

表 2-12　　　　　　　　　　　场效应管放大电路输入电阻的测量

u_S	u_i	$R_i=[u_i/(u_S-u_i)]R_S$

（5）输出电阻 R_o 的测量

①调节低频信号发生器，使其输出频率为 1 kHz，电压大小为 100 mV 的正弦信号 u_S，接入电路输入端。

②先不接入负载 R_L，用交流毫伏表测量输出电压 $u_{o∞}$。

③接入负载 R_L，再用交流毫伏表测量输出电压 u_{oL}。

④将数据填入表 2-13 中。

表 2-13　　　　　　　　　　　场效应管放大电路输出电阻的测量

$u_{o∞}$	u_{oL}	$R_o=[(u_{o∞}/u_{oL})-1]R_L$

4. 问题讨论

（1）记录实验中测得的所有数据，根据所测数据说明场效应管放大器的主要特点。

（2）说明场效应管放大器与晶体管放大器有何共同点，有何不同点。

延伸阅读 4　基本运算电路

各种运算电路可以由集成运放外加反馈网络构成，主要有比例运算、加减法运算、微积分运算和指数与对数运算等电路。由于集成运放的开环增益很高，所以它构成的基本运算电路，均为深度负反馈电路，此时运放工作在放大状态，因此分析此类电路时，可利用"虚短"和"虚断"的概念。

在知识链接 4 中，我们已经讨论了比例运算电路，在此主要讨论加法与减法运算、积分与微分运算和对数与指数运算等电路。

一、加法与减法运算电路

加法运算电路是对多个输入信号进行求和运算的电路，而减法运算电路是对输入信号进行相减运算的电路。加法与减法运算电路可以由单运放或双运放构成。

1. 加法运算电路

如图 2-63 所示的反相加运算法电路是由单运放实现的。与比例运算电路的分析方法相似，利用"虚短"和"虚断"的概念，可知 $i_n=i_p=0$，$u_n=u_p=0$，由此可知

$$i_1=\frac{u_{i1}}{R_1}\ ,i_2=\frac{u_{i2}}{R_2}\ ,i_f=-\frac{u_o}{R_f}$$

而 $i_f=i_1+i_2$，所以

$$-\frac{u_o}{R_f}=\frac{u_{i1}}{R_1}+\frac{u_{i2}}{R_2}$$

经整理得

$$u_o = -\left(\frac{R_f}{R_1}u_{i1} + \frac{R_f}{R_2}u_{i2}\right) \tag{2-31}$$

若 $R_1 = R_2 = R_f$,则式(2-31)变为

$$u_o = -(u_{i1} + u_{i2}) \tag{2-32}$$

输出电压取决于各输入电压之和的负值。

若在图 2-63 的输出端再接一级反相器($R_4 = R_6$),则可消除"-"号,实现常规的算术加法运算。双运放加法运算电路如图 2-64 所示。

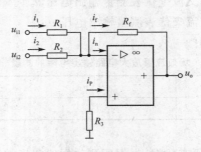

图 2-63 反相加法运算电路

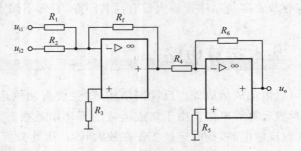

加法运算电路

图 2-64 双运放加法运算电路

2. 减法运算电路

如图 2-65 所示为单运放减法运算电路,两个输入信号分别由运放的同相输入端和反相输入端输入。由"虚短"和"虚断"的概念可知,R_2 与 R_3 相当于串联,因而同相输入电压 u_{i2} 被 R_2 和 R_3 分压后,只有 R_3 上的电压输给运放,即实际的同相输入电压为 $\dfrac{R_3}{R_2 + R_3}u_{i2}$。根据叠加定理,当 u_{i1} 单独作用时相当于反相比例电路,它产生的输出电压为

$$u_{o1} = -\frac{R_f}{R_1}u_{i1}$$

u_{i2} 单独作用时相当于同相比例电路,它产生的输出电压为

$$u_{o2} = \left(1 + \frac{R_f}{R_1}\right)\frac{R_3}{R_2 + R_3}u_{i2}$$

当 u_{i1} 和 u_{i2} 共同作用时产生的输出电压为

$$u_o = u_{o1} + u_{o2} = \left(1 + \frac{R_f}{R_1}\right)\frac{R_3}{R_2 + R_3}u_{i2} - \frac{R_f}{R_1}u_{i1}$$

若取 $\dfrac{R_3}{R_2} = \dfrac{R_f}{R_1}$,则

$$u_o = \frac{R_f}{R_1}(u_{i2} - u_{i1}) \tag{2-33}$$

即输出电压正比于两个输入电压之差。当 $R_f = R_1$ 时,有

$$u_o = u_{i2} - u_{i1} \tag{2-34}$$

输出电压等于两个输入电压之差。

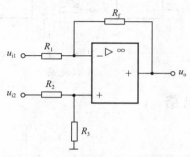

图 2-65 单运放减法运算电路

减法运算也可以由双运放来实现,如图 2-66 所示为由双运放构成的减法运算电路。第一级为反相比例运算电路。

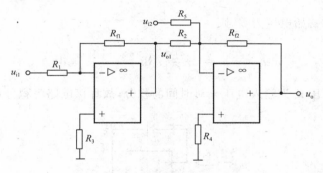

图 2-66 双运放减法运算电路

若 $R_{f1} = R_1$,则 $u_{o1} = -u_{i1}$。第二级为反相加法运算电路,令 $R_5 = R_2$,于是有

$$u_o = \frac{R_{f2}}{R_2}(u_{i1} - u_{i2}) \tag{2-35}$$

若取 $R_{f2} = R_2$,则上式变为

$$u_o = u_{i1} - u_{i2} \tag{2-36}$$

可见,电路实现了常规的算术减法运算。

【例 2-5】 如图 2-67 所示为由双运放组成的电路,已知电阻 $R_1 = R_2 = R_{f1} = 30 \text{ k}\Omega$,$R_3 = R_4 = R_5 = R_6 = R_{f2} = 10 \text{ k}\Omega$,输入电压 $u_{i1} = 0.2 \text{ V}$,$u_{i2} = 0.3 \text{ V}$,$u_{i3} = 0.5 \text{ V}$,求输出电压 u_o。

解:电路第一级为加法运算电路,第二级为减法运算电路。输出电压与输入电压的关系应分别满足式(2-32)和式(2-34)。由此可得

$$
\begin{aligned}
u_o &= u_{i3} - [-(u_{i1} + u_{i2})] \\
&= u_{i1} + u_{i2} + u_{i3} \\
&= 0.2 + 0.3 + 0.5 = 1 \text{ V}
\end{aligned}
$$

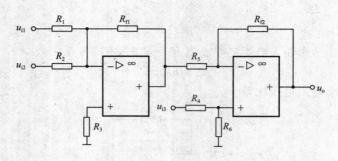

图 2-67　例 2-5 电路

二、积分与微分运算电路

1. 积分运算电路

积分运算电路是控制和测量系统中的重要单元,利用它的充放电过程可以实现延时、定时以及产生各种波形。将反相比例器中的反馈电阻 R_f 换成电容 C,就构成了基本积分运算电路,如图 2-68 所示。利用"虚短""虚断"和"虚地"的概念,可知电容电流 $i_C = i_1 = \dfrac{u_i}{R_1}$。设电容 C 的初始电压为零,则

$$u_o = -u_C = -\frac{1}{C}\int i_C \mathrm{d}t = -\frac{1}{RC}\int u_i \mathrm{d}t \tag{2-37}$$

上式表明,输出电压 u_o 为输入电压 u_i 对时间的积分,故称该电路为积分运算电路。

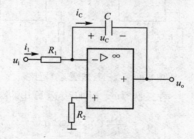

图 2-68　基本积分运算电路

在基本积分器的反相输入端再增加一个输入端,如图 2-69 所示,则可实现两信号的求和积分。不难证明,该电路的输入电压与输出电压的关系为

$$u_o = -\frac{1}{C}\int \left(\frac{u_{i1}}{R_1} + \frac{u_{i2}}{R_2}\right)\mathrm{d}t$$

若取 $R_1 = R_2 = R$,上式可写成

$$u_o = -\frac{1}{RC}\int (u_{i1} + u_{i2})\mathrm{d}t \tag{2-38}$$

输出电压取决于两个输入电压和的积分。

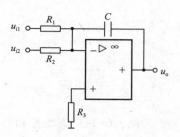

图 2-69   求和积分运算电路

2. 微分运算电路

微分运算是积分运算的逆运算,将积分电路中的电阻与电容互换位置就构成微分运算电路,如图 2-70 所示为基本微分运算电路。微分运算电路常用于控制系统,但不像积分电路那样使用广泛。在脉冲数字电路中,常用来做波形变换。

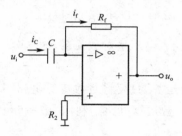

图 2-70   基本微分运算电路

根据"虚短"的概念可得

$$i_C = C\frac{\mathrm{d}u_i}{\mathrm{d}t}\ ,\ i_f = -\frac{u_o}{R_f}$$

再由"虚断"可知 $i_C = i_f$,由此可求出输出电压

$$u_o = -R_f C\frac{\mathrm{d}u_i}{\mathrm{d}t} \tag{2-39}$$

可见输出电压 u_o 取决于输入电压 u_i 对时间 t 的微分,从而实现了微分运算。

三、对数与指数运算电路

1. 对数运算电路

利用晶体管 PN 结的指数型伏安特性,可以得出输出电压与输入电压的对数成正比,从而实现对数运算。如图 2-71 所示为由运放和三极管构成的基本对数运算电路。

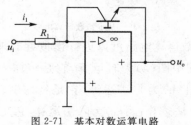

图 2-71   基本对数运算电路

利用"虚短"的概念有

$$u_o = -u_{CE} = -u_{BE}$$

再利用"虚断"的概念可知

$$i_C = i_1 = \frac{u_i}{R_1}$$

三极管的 i_C 与 u_{BE} 的关系与 PN 结的理想伏安特性相仿,即

$$i_C \approx i_E = I_{ES}(e^{\frac{u_{BE}}{U_T}} - 1)$$

其中,I_{ES} 为发射结反向饱和电流,常温下 $U_T = 26$ mV,一般情况下 $u_{BE} \gg U_T$。所以

$$i_C \approx I_{ES}e^{\frac{u_{BE}}{U_T}} = I_{ES}e^{-\frac{u_o}{U_T}} = \frac{u_i}{R_1}$$

将上式两边同时取对数,经整理可得

$$u_o = -U_T \ln\frac{u_i}{R_1} + U_T \ln I_{ES} \tag{2-40}$$

由上式可见,输出电压与输入电压呈对数关系,输出电压的幅值不能超过 0.7 V。

2. 指数运算电路

指数运算即对数运算的反运算,只要将对数运算电路中的电阻与三极管互换位置便可得到如图 2-72 所示的基本指数运算电路。利用"虚短"和"虚断"的概念以及三极管 i_C 与 u_{BE} 的关系,可得

$$u_{BE} = u_i$$

$$i_f = i_E = I_{ES}e^{\frac{u_i}{U_T}}$$

及

$$u_o = -i_f R = -I_{ES}R e^{\frac{u_i}{U_T}} \tag{2-41}$$

可见,输出电压与输入电压呈指数关系,但输入电压 u_i 必须为正值。

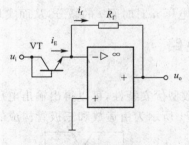

图 2-72　基本指数运算电路

利用对数运算电路和指数运算电路可以进行模拟量的乘法、除法和幂的运算。如图 2-73 所示为其原理方框图,其中图(a)为幂运算,它是将输入量取对数后进行放大,然后再取反对数来实现幂运算;图(b)为乘法运算,它是将两个输入量分别取对数后进行求和,然后再取反对数来实现乘法运算;图(c)为除法运算,它是将两个输入量分别取对数后进行求差,然后再取反对数来实现除法运算。

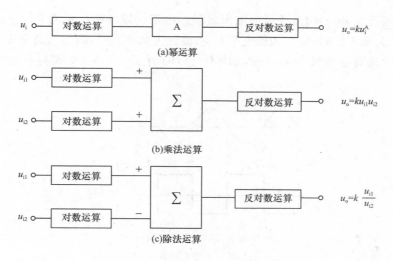

图 2-73　幂运算、乘法运算、除法运算原理方框图

延伸阅读 5　电压比较器

电压比较器是一种将输入电压 u_1 与参考电压 U_{REF} 进行比较的电路。当输入电压等于或大于参考电压时,输出电压 u_O 将发生翻转,输出高电平或低电平。电压比较器常用于越线报警、模数转换和波形变换等场合,此时集成运放工作在非线性状态。

一、单门限电压比较器

简单的单门限电压比较器如图 2-74(a)所示,图中运放的同相输入端接地,即参考电压 $U_{REF}=0$,反相输入端接用于比较的输入电压 u_1。由于运放工作在开环状态,具有很高的电压增益,所以当 $u_1>0$ 时,运放处于负的饱和状态,输出为负的最大值,即低电平 U_{OL};当 $u_1<0$ 时,运放处于正的饱和状态,输出为正的最大值,即高电平 U_{OH}。其传输特性曲线如图 2-74(b)所示。由于运算放大器在 $u_1=0$ 时,输出电压发生翻转,因此图 2-74(a)所示电路被称为过零电压比较器。

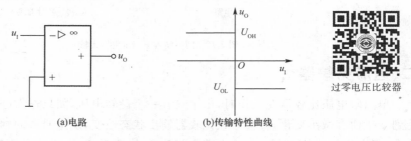

(a)电路　　　　　(b)传输特性曲线

过零电压比较器

图 2-74　过零电压比较器

【例 2-6】　当在图 2-74(a)所示过零电压比较器的反相输入端输入信号 u_i,该信号为如图 2-75(a)所示正弦波时,试定性画出比较器输出信号 u_o 的波形。

解:当输入信号为如图 2-75(a)所示正弦波时,u_i 每经过零值一次,比较器的输出端就产生一次电压跳变,输出幅度受供电电源限制。由于比较器的反相输入端接正弦输入信号,所以输入为正半波时,输出为低电平 U_{OL};输入为负半波时,输出为高电平 U_{OH}。输出信号的波形为具有正负极性的方波,如图 2-75(b)所示。可见,比较器将正弦波变成了方波。

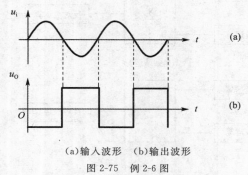

(a)输入波形　(b)输出波形

图 2-75　例 2-6 图

如果将运放的反相输入端与地之间接一个参考电压 U_{REF},同相输入端接用于比较的输入电压 u_I,就构成同相输入单门限电压比较器,如图 2-76(a)所示。图中输出端与地之间接双向稳压二极管,用来限定输出端的高低电平,输出端的电阻 R 为稳压管的限流电阻。

同相输入单门限电压比较器的工作原理与过零电压比较器相似,当 $u_I > U_{REF}$ 时,输出为高电平 $u_O = U_{OH} = U_Z$;当 $u_I < U_{REF}$ 时,输出为低电平 $u_O = U_{OL} = -U_Z$,其传输特性曲线如图 2-76(b)所示。由于输入电压 u_I 从运放的同相输入端输入,而且只有一个门限电压,所以称其为同相输入单门限电压比较器。如果将运放的反相输入端接输入电压,同相输入端接比较电压,则称其为反相输入单门限电压比较器。

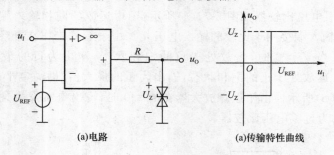

(a)电路　　　　　　　　　　　　　(a)传输特性曲线

图 2-76　同相输入单门限电压比较器

二、迟滞比较器

单门限电压比较器在工作时,由于只有一个翻转电压,如果输入电压在门限电压附近受到干扰而有微小变化,就会导致比较器输出状态改变,发生错误的翻转。为了克服这一缺点,可在比较器的输出端与输入端之间引入由 R_1 和 R_2 构成的电压串联正反馈,使运放同相输入端的电压随输出电压的变化而变化;输入电压接运放的反相输入端,参考电压经 R_2 接运放的同相输入端,构成迟滞比较器,如图 2-77(a)所示。迟滞比较器也称施密特触发器。

迟滞比较器

当输入电压很小,比较器的输出为高电平时,即 $U_{OH}=U_Z$,利用叠加定理可求得同相输入端的电压

$$U_{P+} = \frac{R_1 U_{REF}}{R_1 + R_2} + \frac{R_2 U_{OH}}{R_1 + R_2} \tag{2-42}$$

由于 U_{P+} 不变,当输入电压增大至 $u_1 > U_{P+}$ 时,比较器的输出由高电平变为低电平,即 $U_{OL}=-U_Z$,此时同相输入端的电压变为

$$U_{P-} = \frac{R_1 U_{REF}}{R_1 + R_2} + \frac{R_2 U_{OL}}{R_1 + R_2} \tag{2-43}$$

可见 $U_{P-} < U_{P+}$,所以当输入电压继续增大时,比较器的输出将维持低电平。只有当输入电压由大变小至 $u_1 < U_{P-}$ 时,比较器的输出才由低电平翻转为高电平,其传输特性曲线如图2-77(b)所示。由此可见迟滞比较器有两个门限电压——U_{P-} 和 U_{P+},分别称为下门限电压和上门限电压。两个门限电压之差称为门限宽度或回差电压,其大小为

$$\Delta U = U_{P+} - U_{P-} = \frac{R_2}{R_1 + R_2}(U_{OH} - U_{OL}) \tag{2-44}$$

调整 R_1 和 R_2 的大小,可改变比较器的门限宽度。ΔU 越大,比较器抗干扰的能力越强,但分辨度随之下降。

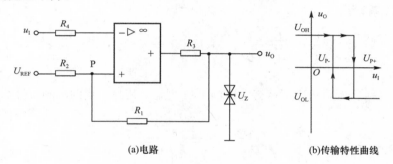

(a)电路   (b)传输特性曲线

图 2-77　迟滞比较器

延伸阅读6　有源滤波器

滤波器是一种能使有用频率信号通过,同时又能抑制无用频率信号的电路。滤波器通常由电感、电容和电阻构成,但是,电感不便于实现小型、轻量和集成化,尤其在低频范围内,要得到高 Q 值是很困难的。因此,在电子电路中广泛应用有源滤波器。有源滤波器的种类很多,可分为低通、高通、带通和带阻等形式,一般由电容、电阻和集成运放组成。有源滤波器是集成运放的线性应用之一。

一、有源低通滤波器

1. 一阶有源低通滤波器

如果在 RC 低通滤波电路的输出端接一个由集成运放构成的同相比例运算电路,就构成一阶有源低通滤波器,其电路如图 2-78 所示。

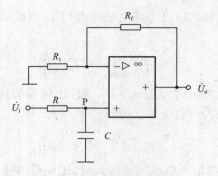

图 2-78 一阶有源低通滤波电路

考虑到"虚断"的概念,由图 2-78 中的 RC 低通滤波电路可知:

$$\frac{\dot{U}_P}{\dot{U}_i} = \frac{\frac{1}{j\omega C}}{R + \frac{1}{j\omega C}} = \frac{1}{1 + j\omega RC} = \frac{1}{1 + j\frac{\omega}{\omega_H}} \tag{2-45}$$

式中,$\omega_H = \dfrac{1}{RC}$ 为该电路的上限截止角频率。由此可以得到一阶有源低通滤波电路的输出与输入的关系,为

$$\dot{A}_u = \frac{\dot{U}_o}{\dot{U}_i} = \frac{\dot{U}_o}{\dot{U}_P}\frac{\dot{U}_P}{\dot{U}_i} = \left(1 + \frac{R_f}{R_1}\right)\frac{1}{1 + j\frac{\omega}{\omega_H}} = \frac{A_{uf}}{1 + j\frac{\omega}{\omega_H}} \tag{2-46}$$

式中,$A_{uf} = 1 + \dfrac{R_f}{R_1}$ 为同相比例运算电路的电压增益。其归一化的幅频特性为

$$\frac{|\dot{A}_u|}{A_{uf}} = \frac{1}{\sqrt{1 + \left(\dfrac{\omega}{\omega_H}\right)^2}} \tag{2-47}$$

与式(2-47)相对应的对数幅频特性曲线,常称为波特图,如图 2-79 所示。当 $\omega = \omega_H$ 时,增益减小 3 dB。而 $f_H = \dfrac{\omega_H}{2\pi}$ 叫作低通滤波器的截止频率。

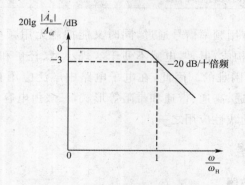

图 2-79 一阶有源低通滤波器的幅频特性曲线

从幅频特性曲线可以看出,当一阶有源低通滤波器的输入信号 $f > f_H$ 时,输出信号的

衰减率只为 20 dB/十倍频,可见滤波效果不够好。为了改善滤波效果,应采用二阶或更高阶的滤波电路。

2. 二阶有源低通滤波器

二阶有源低通滤波器是在一阶有源低通滤波电路的基础上再加一级 RC 低通滤波电路,其电路如图 2-80 所示。为了分析简便,令滤波电阻相等,滤波电容相等,反馈电阻 $R_f = (A_{uf} - 1)R_1$,其中 A_{uf} 为通带内同相比例运算电路的电压增益。

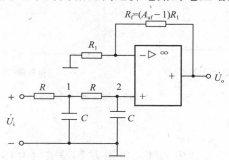

典型工作任务二 扩音机的设计与制作

图 2-80 二阶有源低通滤波电路

分析可知,滤波器的上限截止角频率和上限截止频率分别为

$$\omega_H = \frac{1}{RC}$$

$$f_H = \frac{\omega_H}{2\pi} = \frac{1}{2\pi RC}$$

(2-48)

当输入信号 $f > f_H$ 时,输出信号以 100 倍/十倍频的速率衰减,也就是说每增加十倍频,输出信号就衰减 40 dB,可见其滤波效果明显好于一阶有源低通滤波器。但是在 $\omega = \omega_H$ 时幅值减小为 $A_{uf}/3$,衰减较大。为了克服这一缺点,将图 2-80 中第一级 RC 低通滤波电路的电容由接地改为接反相输入端,改进后的电路如图 2-81(a)所示。

图 2-81(a)所示电路的 Q 值为

$$Q = \frac{1}{3 - A_{uf}}$$

(2-49)

式中,Q 值类似谐振回路的品质因数。Q 值的大小对滤波电路的幅频特性影响很大,为了使通带内幅频特性曲线平坦,一般取 $Q = 0.707$。若 $Q > 0.707$,则在 $f = f_H$ 附近会出现峰值。如图 2-81(b)所示为幅频特性曲线,图中画出了不同 Q 值对幅频特性的影响。需要注意的是,当 $A_{uf} = 3$ 时,Q 值趋于无穷大,电路将产生自激振荡,所以要求 A_{uf} 必须小于 3。

【例 2-7】 如图 2-81(a)所示电路,已知 $R_1 = 200$ kΩ,$R_f = 100$ kΩ,$R = 158$ kΩ,$C = 0.01$ μF,求滤波器的截止频率 f_H、品质因数 Q 和通带内增益 A_{uf}。

解:由二阶有源低通滤波器的有关参数表达式可得

$$f_H = \frac{1}{2\pi RC} = \frac{1}{2\pi \times 158 \times 10^3 \times 0.01 \times 10^{-6}} \approx 100.7 \text{ Hz}$$

$$A_{uf} = 1 + \frac{R_f}{R_1} = 1 + \frac{100}{200} = 1.5$$

$$Q = \frac{1}{3 - A_{uf}} = \frac{1}{3 - 1.5} \approx 0.667$$

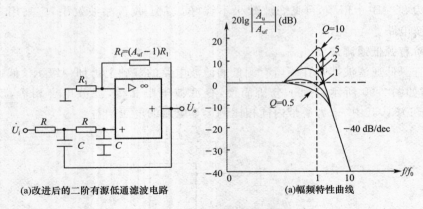

(a)改进后的二阶有源低通滤波电路　　　　(a)幅频特性曲线

图 2-81　改进后的二阶有源低通滤波器

二、有源高通滤波器

只要将二阶有源低通滤波器中的滤波电阻 R 和滤波电容 C 互换位置,就可得到二阶有源高通滤波电路,如图 2-82(a)所示。

图 2-82(a)所示电路中,电路的通带电压增益 A_{uf}、滤波器的下限截止角频率 ω_L、下限截止频率 f_L、品质因数 Q 分别为:

$$\omega_L = \frac{1}{RC}$$

$$f_L = \frac{1}{2\pi RC}$$

$$A_{uf} = 1 + \frac{R_f}{R_1}$$

$$Q = \frac{1}{3 - A_{uf}}$$

$$(2-50)$$

二阶有源高通滤波器的幅频特性曲线如图 2-82(b)所示。

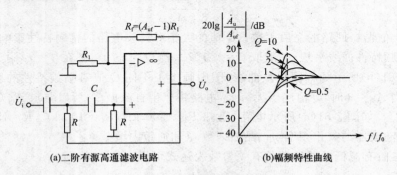

(a)二阶有源高通滤波电路　　　　(b)幅频特性曲线

图 2-82　二阶有源高通滤波器

三、有源带通滤波器

带通滤波器的作用是只允许某一频率范围的信号通过,这种滤波器有两个截止频率,即上限截止频率 f_H 和下限截止频率 f_L,在两个截止频率之间形成一个通带 BW。二阶有源带通滤波器在输入回路的第一级采用由 R 和 C 组成的低通滤波电路,第二级采用由 R_2 和 C 组成的高通滤波电路,典型的二阶有源带通滤波电路如 2-83(a)所示,其幅频特性曲线如图 2-83(b)所示。为了方便计算,令 $R_2=2R$、$R_3=R$,带通滤波器的中心频率 f_0、带宽 BW 及品质因数 Q 分别为

$$f_0 = \frac{1}{2\pi RC}$$

$$BW = \frac{1}{2\pi RC}\left[3-\left(1+\frac{R_f}{R_1}\right)\right] = \frac{1}{2\pi RC}(3-A_{uf}) \tag{2-51}$$

$$Q = \frac{f_0}{BW} = \frac{1}{3-A_{uf}}$$

式中,$A_{uf}=1+R_f/R_1$ 为同相比例放大电路的电压增益,只有 $A_{uf}<3$,电路才能稳定地工作。当 $f=f_0$ 时,该带通滤波器有最大电压增益,为 $A_{uo}=A_{uf}/(3-A_{uf})$。

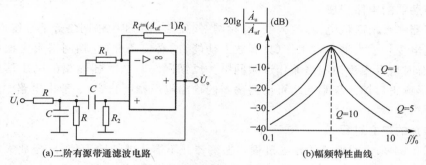

(a)二阶有源带通滤波电路　　(b)幅频特性曲线

图 2-83　二阶有源带通滤波器

由图 2-83(b)中的幅频特性曲线可见,电路的 Q 值越大,曲线越陡峭,通频带越窄,滤波器的选择性越好。由中心频率 f_0、带宽 BW 及品质因数 Q 的表达式可知:若要改变带通滤波器的带宽和通带增益,只需要改变电阻 R_f 和 R_1 的比值即可,而滤波器的中心频率不变。

【例 2-8】　如图 2-83(a)所示电路,已知 $C=0.01\ \mu F$,$R=7.96\ k\Omega$,$R_1=30\ k\Omega$,$R_f=54\ k\Omega$,求滤波器的中心频率、通带的带宽和最大电压增益。

解:由式(2-51)可得滤波器的中心频率

$$f_0 = \frac{1}{2\pi RC} = \frac{1}{2\pi \times 7.69 \times 10^3 \times 0.01 \times 10^{-6}} \approx 2\ kHz$$

同相比例放大器的电压增益为

$$A_{uf} = 1 + \frac{R_f}{R_1} = 1 + \frac{54 \times 10^3}{30 \times 10^3} = 2.8$$

电路的 Q 值为

$$Q = \frac{1}{3-A_{uf}} = \frac{1}{3-2.8} = 5$$

滤波器的带宽为

$$BW = \frac{f_0}{Q} = \frac{2 \times 10^3}{5} = 400\ Hz$$

滤波器的最大电压增益为

$$A_{uo} = \frac{A_{uf}}{3 - A_{uf}} = \frac{2.8}{3 - 2.8} = 14$$

延伸阅读7 正弦波振荡器

许多电子设备或仪器(如信号发生器、电子测量仪器、无线电接收机等)中都含有正弦波振荡器,因此振荡器成为众多电子电路中极为重要的一种实用电路。在此我们仅讨论一种 RC 低频振荡器——文氏桥式正弦波振荡器。

一、振荡器的基本工作原理

1. 振荡器的电路组成

振荡器一般由直流电源、放大器、选频网络、反馈网络和稳幅网络等部分组成。

直流电源是放大器正常工作(具有放大功能)的必要条件,选频网络决定振荡器的振荡频率,有时也可由反馈网络兼作选频网络。反馈网络将放大器输出的电压信号反馈到输出端,形成正反馈。稳幅网络可使振荡器的输出电压幅度稳定,一般由电路中起负反馈作用的网络构成。

2. 振荡的建立过程

用图 2-84 来说明振荡的建立过程。振荡器并不需要外加输入信号,但放大器需要直流电源供电以进行正常工作。在电路接通直流电源的瞬间,电路受到冲击。由于各元器件中存在噪声(如电阻中存在的热噪声、晶体管中存在的散粒噪声和热噪声等)以及电路中各部分电压和电流的响应等原因,在放大器的输入端会产生各种频率的微弱激励信号,由于振荡器电路中有选频网络,所以只有频率为 f_0 的信号(图中的 $\dot{U}_i$)通过放大器后被放大。又由于振荡器在频率为 f_0 处存在正反馈,所以输出信号经过反馈网络回到输入端后加强了输入信号,再经过放大和反馈,如此循环下去,就在输出端产生了较大幅度的交流输出信号。由于振荡器中含有稳幅器件,所以输出端的交流振荡信号不会趋于无穷大,最终输出电压的幅度会稳定在一定的电平上,形成比较稳定的交流输出信号。

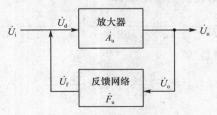

图 2-84 说明振荡建立过程的原理方框图

3. 起振条件

设放大器的电压放大倍数 $\dot{A}_u = A_u \angle \varphi_A$,则 $\dot{A}_u = \dot{U}_o / \dot{U}_d$。反馈网络的反馈系数 $\dot{F}_u = F_u \angle \varphi_F$,则 $\dot{F}_u = \dot{U}_f / \dot{U}_o$。于是

$$\dot{A}_u \dot{F}_u = A_u F_u \angle \varphi_A + \varphi_F = \dot{U}_f / \dot{U}_d \tag{2-52}$$

在振荡器起振的过程中,反馈信号 $\dot{U}_f$ 的大小必须大于放大器输入端原始信号 $\dot{U}_d$ 的大小,并且是正反馈($\dot{U}_f$ 与 $\dot{U}_d$ 同相),即 $\dot{U}_f / \dot{U}_d \geqslant 1$,式(2-52)相当于 $\dot{A}_u \dot{F}_u \geqslant 1$,于是得到振幅起振条件

$$A_u F_u \geqslant 1 \tag{2-53}$$

相位起振条件

$$\varphi_A + \varphi_F = 2k\pi \ \text{或} \ \varphi_A + \varphi_F = k \times 360° (k \ \text{为整数}) \tag{2-54}$$

4. 平衡条件

显然振荡器达到振荡平衡时,反馈信号 $\dot{U}_f$ 与放大器输入端原始信号 $\dot{U}_d$ 大小相等、相位相同,即 $\dot{A}_u \dot{F}_u = \dot{U}_f / \dot{U}_d = 1$。于是得到振幅平衡条件

$$A_u F_u = 1 \tag{2-55}$$

相位平衡条件同式(2-54)。

二、文氏桥式正弦波振荡器

如图 2-85(a)所示为文氏桥式正弦波振荡器电路,该电路可以改画成文氏桥的形式,如图 2-85(b)所示。R_1、R_2、C_1、C_2 构成选频网络及正反馈网络(叫作 RC 串并选频网络),且 $R_1 = R_2 = R$,$C_1 = C_2 = C$。R_3、R_t 构成稳幅网络(负反馈网络),其中 R_t 是具有负温度系数的热敏电阻,即温度 T 升高(下降)时 R_t 阻值减小(增大),无电流通过时的阻值叫作冷态阻值。

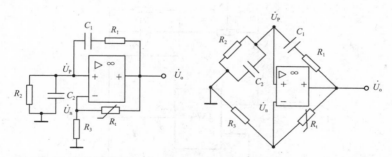

(a) RC 文氏桥式正弦波振荡器电路的一般画法　　(b) RC 文氏桥式正弦波振荡器电路的桥式画法

图 2-85　RC 文氏桥式正弦波振荡器电路

电路中的负反馈电压 $U_n = \dfrac{R_3}{R_3 + R_t} U_o$,显然 $R_t \uparrow \rightarrow U_n \downarrow$ 或 $R_t \downarrow \rightarrow U_n \uparrow$。并注意到,若 $U_o \uparrow$,则热敏电阻两端电压 $U_{Rt} \uparrow$,导致温度 $T \uparrow \rightarrow R_t \downarrow$,再考虑到负反馈使 $U_n \uparrow \rightarrow U_o \downarrow$,则整个稳幅过程如下:

$U_o \uparrow \rightarrow U_{Rt} \uparrow \rightarrow T \uparrow \rightarrow R_t \downarrow \rightarrow U_n \uparrow \rightarrow U_o \downarrow$ 或 $U_o \downarrow \rightarrow U_{Rt} \downarrow \rightarrow T \downarrow \rightarrow R_t \uparrow \rightarrow U_n \downarrow \rightarrow U_o \uparrow$

通过理论分析可知,该电路起振条件为

$$R_t > 2R_3$$

即热敏电阻的冷态阻值要大于 $2R_3$。电路振荡频率为

$$f_0 = \frac{1}{2\pi RC} \qquad (2\text{-}56)$$

振荡稳定时

$$R_t = 2R_3$$

实操训练 4　RC 文氏桥式正弦波振荡器

1. 训练目的

(1)学会使用集成运放构成 RC 文氏桥式正弦波振荡器,加深对其工作原理的理解。

(2)学会使用示波器和频率计观测信号频率。

2. 使用仪器和设备

(1)直流稳压电源;

(2)示波器;

(3)频率计;

(4)毫伏表;

(5)万用表。

3. 训练内容

(1)RC 文氏桥式正弦波振荡器的制作

按图 2-86 在面包板上插接 RC 文氏桥式正弦波振荡器。

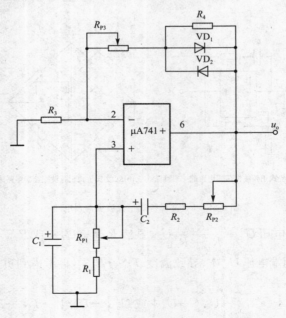

图 2-86　RC 文氏桥式正弦波振荡器

电路中元器件的参数分别为:$R_1 = R_2 = 8.2\ \text{k}\Omega$,$R_3 = 6.2\ \text{k}\Omega$,$R_4 = 4.3\ \text{k}\Omega$,$R_{P1} = R_{P2} =$

$10~\text{k}\Omega$，$R_{P3} = 22~\text{k}\Omega$，$VD_1$、$VD_2$ 为 1N4148 型二极管，$C_1 = C_2 = 0.01~\mu\text{F}$。$\mu$A741 管脚排列如图 2-87 所示。

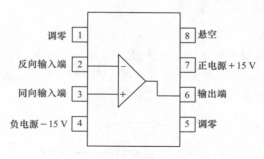

同向输入端等

图 2-87 μA741 管脚排列图

（2）起振过程

调节电位器 R_{P3} 使电路起振，使用示波器观察振荡器的输出电压，并使输出的正弦波电压波形产生一定的幅度且不失真。

（3）振动频率范围的测量

调节同轴电位器 R_{P1}、R_{P2}，分别使用示波器和频率计测量该振荡器在输出的正弦波电压波形不失真时的最高频率 $f_{\max}$ 与最低频率 $f_{\min}$，将数据填入表 2-14。

表 2-14 振动频率范围的测量

	$f_{\min}$	$f_{\max}$
示波器测量值		
频率计测量值		

（4）输出电压范围的测量

先调节同轴电位器 R_{P1}、R_{P2} 使振荡频率为 1 kHz，然后调节电位器 R_{P3}，并使用示波器和交流毫伏表分别测量输出电压的范围（保持输出的正弦波电压波形不失真的条件下），将数据填入表 2-15。

表 2-15 输出电压范围的测量

	$U_{\min}$	$U_{\max}$
示波器测量值		
毫伏表测量值		

4. 问题讨论

（1）RC 文氏桥式正弦波振荡器的选频网络由哪些元器件组成？运用所学理论估算振动频率的范围。

（2）二极管 VD_1、VD_2 的作用是什么？

（3）稳幅网络由哪些元器件构成？电位器 R_{P3} 的作用是什么？

延伸阅读 8 函数信号发生器

在电子技术应用领域，除了需要正弦波信号外，有时还需要许多非正弦波信号，如方波、矩形波、三角波、锯齿波等。通常把既能产生正弦波又能产生三角波、方波等非正弦波

典型工作任务二 扩音机的设计与制作

信号的电路叫作函数信号发生器。

一、方波/矩形波信号发生器

1. 方波信号发生器

如图 2-88 所示为由集成运放构成的方波信号发生器电路，其中集成运放作为电压比较器。双向稳压管的稳定电压为 $\pm U_Z$。试说明该电路产生方波输出信号的原理，并画出 u_C、u_o 随时间变化的波形图。

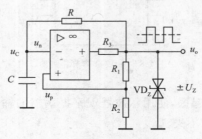

图 2-88　方波信号发生器电路

电压比较器的输出电压有高电平和低电平两种情况，即

$$u_o = \begin{cases} +U_Z, & \text{当 } u_p > u_n \text{ 时} \\ -U_Z, & \text{当 } u_p < u_n \text{ 时} \end{cases}$$

在 $u_p = u_n$ 时，输出电平翻转，即若 u_o 原来为高电平，则此时变成低电平输出；若 u_o 原来为低电平，则此时变成高电平输出。并且注意到

$$u_p = \begin{cases} +\dfrac{R_2}{R_1 + R_2} U_Z = +U_F, & \text{当 } u_o = +U_Z \text{ 时} \\ -\dfrac{R_2}{R_1 + R_2} U_Z = -U_F, & \text{当 } u_o = -U_Z \text{ 时} \end{cases}$$

为了便于问题讨论，假设在电路接通电源瞬间，输出为高电平 $u_o = +U_Z$（也可以假设输出为低电平），此时 $u_p = +U_F$，则电压 u_o 通过电阻 R 给电容 C 充电，电压 $u_C = u_n$ 开始增大，当增大到 $u_C = u_n = +U_F = u_p$ 时，输出翻转为低电平 $u_o = -U_Z$（此时 u_p 也变为 $-U_F$）。

由于输出端变为负电压，于是电容 C 开始通过电阻 R 放电，电压 $u_C = u_n$ 开始减小，当降低到 $u_C = u_n = -U_F = u_p$ 时，输出翻转为高电平 $u_o = +U_Z$（此时 u_p 也变为 $+U_F$），如此循环下去，电路就振荡起来，输出方波，其周期为 $T = T_1 + T_2$，$T_1 = T_2$，占空比 $D = T_1/T = 50\%$。图 2-89 画出了 u_C、u_o 随时间变化的波形。

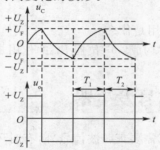

图 2-89　方波信号发生器的工作波形

理论上可以证明,该电路产生方波的周期为

$$T = 2RC\ln(1 + 2 \times \frac{R_2}{R_1})$$ (2-57)

所以频率为 $f_0 = \frac{1}{T}$。

在上例中,之所以输出电压是方波,即占空比为50%的矩形波,是因为电容 C 在 $+U_F$ 与 $-U_F$ 之间进行充放电的过程中,只通过一只电阻 R 充电或放电,也就是说充电时间常数 (τ_1) 与放电时间常数 (τ_2) 相同。如果设法使充电时间常数与放电时间常数不相等,那么就会在输出端产生占空比 D 不等于50%的矩形波。

2. 矩形波信号发生器

如图2-90所示为矩形波信号发生器电路,其工作原理与上例基本相同,只不过是当输出电压 $u_o = +U_Z$ 时,二极管 VD_1 导通、VD_2 截止,电压 u_o 通过电阻 R_{P1} 与 R 给电容 C 充电;而当输出电压 $u_o = -U_Z$ 时,二极管 VD_2 导通、VD_1 截止,电容 C 通过电阻 R_{P2} 与 R 放电。于是形成占空比 D 可调的矩形波信号发生器。电路中可忽略二极管正向导通电阻,即 $R_{P1} + R_{P2} = R_P$。

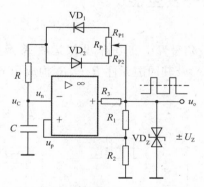

图 2-90 矩形波信号发生器电路

当输出电压 $u_o = +U_Z$ 时,电容 C 充电过程的时间常数 $\tau_1 = (R_{P1} + R)C$;当输出电压 $u_o = -U_Z$ 时,电容 C 放电过程的时间常数 $\tau_2 = (R_{P2} + R)C$。于是有以下三种情况:

(1)当 $R_{P1} < R_{P2}$ 时,$\tau_1 < \tau_2$,所以电容 C 从 $-U_F$ 充电至 $+U_F$ 经历的时间 T_1 必小于电容 C 从 $+U_F$ 放电至 $-U_F$ 所经历的时间 T_2,一个周期 $T = T_1 + T_2$,故占空比 $D = T_1/T < 50\%$,此时 u_C、u_o 随时间变化的波形如图2-91(a)所示。

(2)当 $R_{P1} = R_{P2}$ 时,$\tau_1 = \tau_2$,所以电容 C 从 $-U_F$ 充电至 $+U_F$ 经历的时间 T_1 必等于电容 C 从 $+U_F$ 放电至 $-U_F$ 所经历的时间 T_2,故占空比 $D = T_1/T = 50\%$,此时 u_C、u_o 随时间变化的波形如图2-91(b)所示。

(3)当 $R_{P1} > R_{P2}$ 时,$\tau_1 > \tau_2$,所以电容 C 从 $-U_F$ 充电至 $+U_F$ 经历的时间 T_1 必大于电容 C 从 $+U_F$ 放电至 $-U_F$ 所经历的时间 T_2,故占空比 $D = T_1/T > 50\%$,此时 u_C、u_o 随时间变化的波形如图2-91(c)所示。

理论上可以证明,电容 C 从 $-U_F$ 充电至 $+U_F$ 所经历的时间为

$$T_1 = (R + R_{P1})C\ln(1 + 2 \times \frac{R_2}{R_1})$$ (2-58)

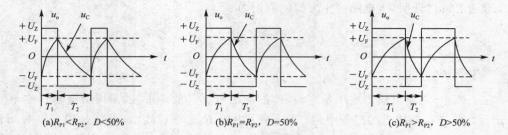

(a)$R_{P1} < R_{P2}$, $D < 50\%$ (b)$R_{P1} = R_{P2}$, $D = 50\%$ (c)$R_{P1} > R_{P2}$, $D > 50\%$

图 2-91 可调占空比的矩形波信号发生器在三种情况下的输出波形

电容 C 从 $+U_F$ 放电至 $-U_F$ 所经历的时间为

$$T_2 = (R + R_{P2})C\ln(1 + 2 \times \frac{R_2}{R_1}) \tag{2-59}$$

输出矩形波的周期为

$$T = T_1 + T_2 = (2R + R_P)C\ln(1 + 2 \times \frac{R_2}{R_1}) \tag{2-60}$$

二、三角波/锯齿波信号发生器

1. 三角波信号发生器

如图 2-92 所示为三角波信号发生器电路,集成运放 A_1 及其周围元器件 $R_1 \sim R_4$、VD_Z 构成电压比较器,集成运放 A_2 及其周围元件 R、C、R_5 构成积分器,试分析其工作原理,并画出 u_{o1}、u_o 波形图。

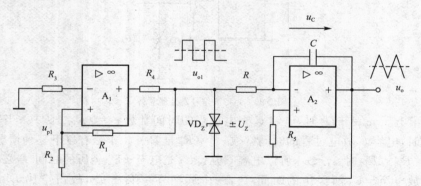

图 2-92 三角波信号发生器电路

集成运放 A_1 的反相端通过电阻 R_3 接地,故构成了同相过零比较器。即

$$u_{o1} = \begin{cases} +U_Z, \text{当 } u_{p1} > 0 \text{ 时} \\ -U_Z, \text{当 } u_{p1} < 0 \text{ 时} \end{cases}, \text{且当 } u_{p1} = 0 \text{ 时,} u_{o1} \text{状态发生翻转。}$$

由整个电路结构不难求得当 $u_{p1} = 0$ 时,$u_o = -\dfrac{R_1}{R_2} u_{o1}$,即

若 $u_{o1} = +U_Z$,则 $u_o = -\dfrac{R_2}{R_1} U_Z$(设为 $-U_F$)时,u_{o1} 由 $+U_Z$ 翻转为 $-U_Z$;

若 $u_{o1} = -U_Z$,则 $u_o = +\dfrac{R_2}{R_1} U_Z$(设为 $+U_F$)时,u_{o1} 由 $-U_Z$ 翻转为 $+U_Z$。

集成运放 A_2 及其周围元件 R、C、R_5 构成积分器,有:$u_o = -\dfrac{1}{RC}\int u_{o1}\,dt$,即

若 $u_{o1} = +U_Z$,则 $u_o = -\dfrac{U_Z}{RC}t + A$(设 A 为积分常数),表明 u_o 随时间 t 线性减小;

若 $u_{o1} = -U_Z$,则 $u_o = +\dfrac{U_Z}{RC}t + B$(设 B 为积分常数),表明 u_o 随时间 t 线性增大。

通过以上分析,三角波信号发生器的工作原理可简述如下:

电路刚接通直流电源时(设 $t=0$ 时刻),比较器的输出电压 u_{o1} 可能是 $+U_Z$ 也可能是 $-U_Z$,任意假设一种情况,并不会影响讨论结果。

假设在 $t=0$ 时,$u_{o1} = +U_Z$,且 $u_C(0) = 0$。

当 $u_{o1} = +U_Z$ 时,根据 $u_o = -\dfrac{1}{RC}\int u_{o1}\,dt = -\dfrac{U_Z}{RC}\int dt$ 可知,u_o 随时间 t 线性减小,当减小到 $u_o = -\dfrac{R_2}{R_1}U_Z = -U_F$ 时,满足 $u_{p1} = 0$,于是 u_{o1} 由 $+U_Z$ 翻转为 $-U_Z$。

当 $u_{o1} = -U_Z$ 时,根据 $u_o = -\dfrac{1}{RC}\int u_{o1}\,dt = +\dfrac{U_Z}{RC}\int dt$,可知 u_o 随时间 t 线性增大,当增大到 $u_o = +\dfrac{R_2}{R_1}U_Z = +U_F$ 时,满足 $u_{p1} = 0$,于是 u_{o1} 由 $-U_Z$ 翻转为 $+U_Z$。

如此循环下去,就在输出端产生了三角波电压,u_{o1}、u_o 的波形如图 2-93 所示。

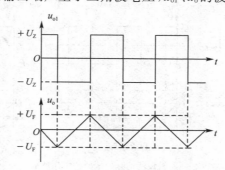

图 2-93　三角波信号发生器的工作波形

可以证明,三角波的周期与频率为

$$T = 4RC\,\frac{R_2}{R_1} \tag{2-61}$$

$$f = \frac{R_1}{4RCR_2} \tag{2-62}$$

需要指出,信号产生电路的形式可以是多种多样的,以上只是几种典型的简单电路而已。

2. 锯齿波信号发生器

如图 2-94 所示为锯齿波信号发生器电路,其工作原理与三角波信号发生器基本相同,只不过是当过零比较器输出电压 $u_{o1} = +U_Z$ 时,二极管 VD_1 导通、VD_2 截止;而当 $u_{o1} = -U_Z$ 时,二极管 VD_2 导通、VD_1 截止。于是通过调节 R_{P1}、R_{P2} 可以形成上升斜边与下降斜边不相等的三角波(即锯齿波)。电路中可忽略二极管正向导通电阻。

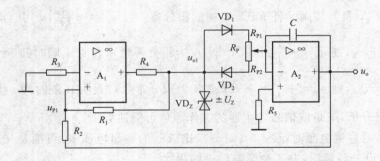

图 2-94　锯齿波信号发生器电路

当 $u_{o1} = +U_Z$ 时，根据 $u_o = -\dfrac{1}{R_{P1}C}\displaystyle\int u_{o1}\,\mathrm{d}t = -\dfrac{U_Z}{R_{P1}C}\displaystyle\int \mathrm{d}t$，可知 u_o 随时间 t 线性减小，当

减小到 $u_o = -\dfrac{R_2}{R_1}U_Z = -U_F$ 时，满足 $u_{p1} = 0$，于是 u_{o1} 由 $+U_Z$ 翻转为 $-U_Z$。

当 $u_{o1} = -U_Z$ 时，根据 $u_o = -\dfrac{1}{R_{P2}C}\displaystyle\int u_{o1}\,\mathrm{d}t = +\dfrac{U_Z}{R_{P2}C}\displaystyle\int \mathrm{d}t$，可知 u_o 随时间 t 线性增大，当

增大到 $u_o = +\dfrac{R_2}{R_1}U_Z = +U_F$ 时，满足 $u_{p1} = 0$，于是 u_{o1} 由 $-U_Z$ 翻转为 $+U_Z$。

如此循环下去，u_{o1}、u_o 随时间变化的波形如图 2-95 所示。

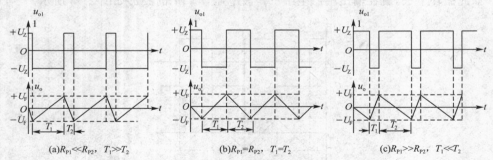

图 2-95　锯齿波信号发生器的工作波形

(1) 当 $R_{P1} \ll R_{P2}$ 时，u_o 从 $-U_F$ 增大到 $+U_F$ 的时间 T_1 远大于从 $+U_F$ 减小到 $-U_F$ 的时间 T_2，$T_1 \gg T_2$。

(2) 当 $R_{P1} = R_{P2}$ 时，$T_1 = T_2$。

(3) 当 $R_{P1} \gg R_{P2}$ 时，$T_1 \ll T_2$。

自测题

1. 填空题

(1) 三极管工作在放大区的外部条件是发射结＿＿＿＿＿＿＿，集电结＿＿＿＿＿＿＿＿。

(2) NPN 型三极管处于放大状态时，三个电极中＿＿＿＿极电位最高，＿＿＿＿极电位最低。PNP 型三极管处于放大状态时，三个电极中＿＿＿＿极电位最高，＿＿＿＿极电位最低。

(3)三极管的组成形式有_____型和_____型两种。不论哪一种三极管,都有三个电极:_____、_____和_____。根据三极管的工作状态不同,可将其输出特性分为三个区:_____、_____和_____。

(4)在一块正常工作的放大电路板上,测得某晶体管的三个管脚对地的直流电位分别是:管脚①3.0 V,管脚②9.8 V,管脚③3.2 V。由此可判定①是_____极,②是_____极,③是_____极。此管为_____型,是_____材料制作的。

(5)在单管电压放大电路中,为电路提供能源的是_____,将电流放大转变为电压放大的元件是_____,隔断直流而使交流信号顺利传递的元件是_____,基极偏流电阻 R_B 的作用是使放大电路具有_____工作点。

(6)晶体管放大电路在无输入信号时的工作状态称为_____;有输入信号时的工作状态称为_____。

(7)当静态工作点偏低时,将使三极管在部分时间内处于截止区,从而使输出产生_____失真;当静态工作点偏高时,将使三极管在部分时间内处于饱和区,从而产生_____失真。这两种失真都是由于放大电路工作在三极管特性曲线的非线性区域而引起的,所以它们都是_____失真。通常调节_____来改变 Q 点。

(8)放大电路输入端对信号源所呈现的交流电阻称_____,输出端对负载所呈现的交流电阻称_____。输入电阻和输出电阻是衡量放大电路性能的重要指标,一般希望输入电阻_____,输出电阻_____。

(9)在共射、共集、共基三种基本放大电路中,希望输入电阻大时应选_____电路,希望电压放大倍数大时应选_____电路,希望高频特性好时应选_____电路。

(10)射极输出器的_____极为输入和输出的公共端,所以也叫_____放大电路;它没有_____放大作用,但有_____放大作用,其电压放大倍数 $A_u \approx$ _____,输出电压的相位与输入电压的相位_____。

(11)理想运放的特点为:

输入信号为 0 时,输出端恒定地处于_____;差模输入电阻 $r_{id} =$ _____;输出电阻 $r_o =$ _____;开环差模电压增益 $A_{uo} =$ _____;共模抑制比 $KCMR =$ _____;开环带宽 $BW =$ _____。

(12)当理想运放工作在线性区时,同相端和反相端电位相等,相当于短路,称为_____;同相端和反相端的输入电流为 0,运放两个输入端相当于开路,称为_____。

(13)半导体三极管中多数载流子和少数载流子都参与导电,所以又称为_____;场效应管中只有多数载流子参与导电,所以称之为_____。场效应管根据结构不同可分为两大类,即_____和_____。

(14)结型场效应管有三个电极,分别是_____、_____和_____。

(15)振荡器一般由_____、_____、_____、_____等部分组成。

(16)有源滤波器分为_____、_____、_____、_____等几种。

(17)基本运算电路中,运放工作在_____状态;有源滤波器中,运放工作在_____状态;电压比较器中,运放工作在_____状态。

(18)通常把既能产生正弦信号,又能产生_____、_____等非正弦信号的电路称为_____。

2.一个三极管的 $I_B = 10\ \mu A$ 时,$I_C = 1\ mA$,我们能否由此来确定它的电流放大系数?什么时候可以,什么时候不可以?

3.若测得放大电路中两个三极管的三个电极对地电位 U_1、U_2、U_3 分别为下述数值,试判别它们是硅管还是锗管,是 NPN 型还是 PNP 型?并确定 E、B、C 极。(1)$U_1 = 5.8\ V$,$U_2 = 6\ V$,$U_3 = 2\ V$;(2) $U_1 = 1.5\ V$,$U_2 = -4\ V$,$U_3 = -4.7\ V$。

4.测得某三极管各极电流如图 2-96 所示,试判断①、②、③对应的电极(基极、发射极、集电极),说明管子是 NPN 型还是 PNP 型,并计算 β 的值。

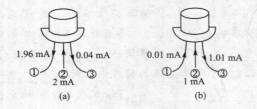

图 2-96　自测题 4 图

5.判断图 2-97 中处于放大状态的三极管属于何种类型(NPN 或 PNP)和材料种类(硅或锗),并标出各管脚(电极)名称。

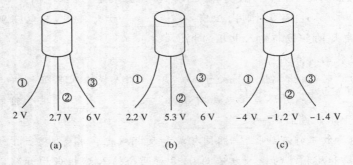

图 2-97　自测题 5 图

6.三极管的主要参数有哪些(至少回答四个)?并对它们进行解释。

7.简述共射放大器、共集放大器、共基放大器的性能特点。

8.有两个三极管,一个管子的 $\beta = 250$,$I_{CEO} = 200\ \mu A$,另一只管子的 $\beta = 80$,$I_{CEO} = 10\ \mu A$,其他参数一样。你将选择哪一个管子?为什么?

9.放大器的输入电阻 R_i 和输出电阻 R_o 的物理意义是什么?某放大电路不带负载时,测得其输出电压为 1.5 V,而带上负载 $R_L = 6.8\ k\Omega$ 时(设输入信号不变),输出电压变为 1 V,求输出电阻 R_o;若该放大器空载时输出电压为 2 V,问接上负载 $R_L = 2.4\ k\Omega$ 时,输出电压降为多少(设输入信号不变)?

10.判别图 2-98 所示电路中三极管的工作状态。

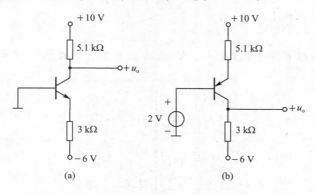

图 2-98　自测题 10 图

11.固定偏置共射放大器如图 2-99 所示。

(1)画出直流通路、交流通路、微变等效电路；

(2)估算静态工作点(三极管的 U_{BE} 可忽略不计)；

(3)求 A_u、R_i、R_o。

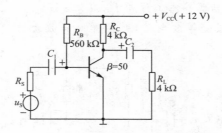

图 2-99　自测题 11 图

12.电路如图 2-100 所示，已知三极管 $\beta=80$，$R_S=600\ \Omega$，$R_{B1}=62\ k\Omega$，$R_{B2}=16\ k\Omega$，$R_E=2.2\ k\Omega$，$R_C=4.3\ k\Omega$，$R_L=5.1\ k\Omega$。

(1)画出直流通路，求 I_{CQ}、U_{CEQ}；

(2)画出微变等效电路，求 A_u、R_i、R_o、A_{us}(源电压放大倍数)；

(3)若 $\beta=60$，求 A_u、R_i、R_o。

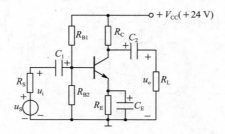

图 2-100　自测题 12 图

13. 射极输出器电路如图 2-101 所示,已知 $\beta=50$。

(1)估算静态工作点 I_{CQ}、U_{CEQ};

(2)求 A_u 和 R_i;

(3)若信号源内阻 $R_S=1\ \text{k}\Omega$,$u_S=2\ \text{V}$,求输出电压 u_o 和输出电阻 R_o。

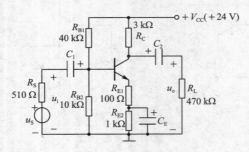

图 2-101　自测题 13 图

14. 共基放大器如图 2-102 所示。已知:三极管的电流放大系数 $\beta=100$,$r'_{bb}=200\ \Omega$,$U_{BEQ}=0.7\ \text{V}$,$R_S=1\ \text{k}\Omega$,$R_{B1}=62\ \text{k}\Omega$,$R_{B2}=20\ \text{k}\Omega$,$R_E=1.5\ \text{k}\Omega$,$R_C=3\ \text{k}\Omega$,$R_L=5.6\ \text{k}\Omega$,$V_{CC}=15\ \text{V}$。试求:

(1)画出直流通路,并估算静态工作点 I_{BQ}、I_{CQ} 与 U_{CEQ}。

(2)画出交流通路与微变等效电路,并估算电压放大倍数 A_u、输入电阻 R_i、输出电阻 R_o。

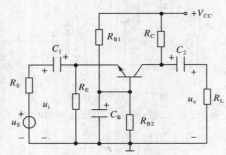

图 2-102　自测题 14 图

15. 图 2-103 中哪几个电路不能实现正常放大,为什么? 应如何改正?

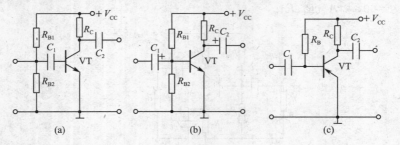

(a)　　　　　　　　　(b)　　　　　　　　　(c)

图 2-103　自测题 15 图

16. 如图 2-104 所示,已知 $R_{g1}=2\ \text{M}\Omega$,$R_{g2}=47\ \text{k}\Omega$,$R_{g3}=10\ \text{M}\Omega$,$R_d=30\ \text{k}\Omega$,$R_s=2\ \text{k}\Omega$,$V_{DD}=18\ \text{V}$,电路中场效应管的 $U_{GS(off)}=-1\ \text{V}$,$I_{DSS}=0.5\ \text{mA}$,试估算其静态工作点 Q。

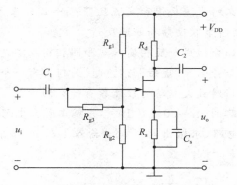

图 2-104　自测题 16 图

17. 已知一 N 沟道 JFET 的夹断电压 $U_{GS(off)} = -4$ V,饱和漏极电流 $I_{DSS} = 4$ mA,试计算 $U_{GS} = 0$ 和 $U_{GS} = -1$ V 时漏极电流 I_D 各为多少。

18. 如图 2-105 所示的电路中,已知 $R_{g1} = 91$ kΩ,$R_{g2} = 10$ kΩ,$R_{g3} = 510$ kΩ,$R_d = 3$ kΩ,$R_s = 2$ kΩ,$V_{DD} = 10$ V,场效应管的 $U_{GS(off)} = -4$ V,$I_{DSS} = 5$ mA,试求:

(1)电压放大倍数;

(2)输入电阻和输出电阻。

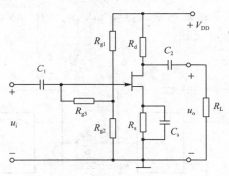

图 2-105　自测题 18 图

19. 已知如图 2-106(a)所示的电路中,$R_{g1} = 12$ kΩ,$R_{g2} = 3$ kΩ,$R_{g3} = 10$ MΩ,$R_d = 10$ kΩ,$V_{DD} = 15$ V,场效应管的转移特性曲线如图 2-106(b)所示,试求图 2-106(a)中电路的静态工作点、电压放大倍数、输入电阻和输出电阻。

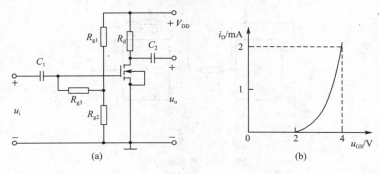

图 2-106　自测题 19 图

20.什么叫反馈？什么叫直流反馈和交流反馈？什么叫正反馈和负反馈？什么叫电压反馈和电流反馈？什么叫串联反馈和并联反馈？

21.集成运放由哪几部分组成？反相输入端和同相输入端是如何定义的？

22.理想运放的条件是什么？"虚短"与"虚断"为何都有一个"虚"字？

23.四种组态的负反馈对放大电路的性能各有什么影响？

24.某负反馈放大电路的 $A_f=90$，$F=10^{-2}$，求基本放大电路的放大倍数。

25.如图 2-107 所示电路，求输出电压 u_o 与输入电压 u_{i1}、u_{i2} 的关系式，并说明此电路是什么运算电路。（$R_1=R_2=R_3=R$）

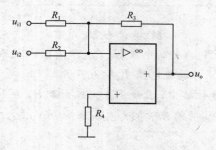

图 2-107　自测题 25 图

26.如图 2-108 所示为双运放电路，$u_{i1}=5\ mV$，$u_{i2}=10\ mV$，$u_{i3}=4\ mV$。

(1)说明各级运放电路的名称；

(2)计算输出电压 u_o。

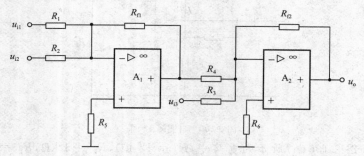

图 2-108　自测题 26 图

27.如图 2-109 所示电路，求输出电压 u_o 与 u_{i1} 和 u_{i2} 的关系式。

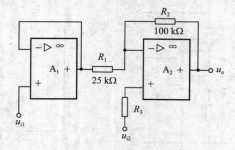

图 2-109　自测题 27 图

28.电压比较器中的集成运放通常工作在什么状态?

29.迟滞比较器有几个门限电压? 它与单门限比较器相比,有何优点?

30.如图 2-110 所示过零比较器,当输入信号为正弦波时,画出输出电压的波形。

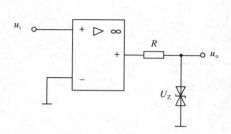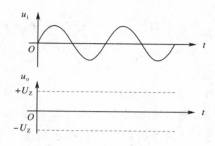

图 2-110 自测题 30 图

31.如图 2-111 所示二阶有源低通滤波器电路,设 $R=R_1=R_f=10$ kΩ,$C=1$ μF,试求滤波器的截止频率 f_H、通带内的电压放大倍数 A_{uf},并画出幅频特性曲线。

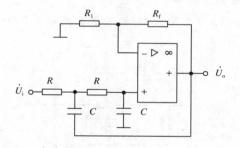

图 2-111 自测题 31 图

32.如图 2-112 所示为二阶有源高通滤波器电路,已知 $R=R_1=R_f=10$ kΩ,$C=0.01$ μF,试求滤波器的截止频率 f_L、通带内电压增益 A_{uf},并画出幅频特性曲线。

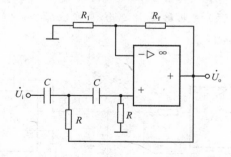

图 2-112 自测题 32 图

33.如图 2-113 所示为二阶有源带通滤波器电路,设 $R=7.96$ kΩ,$R_2=15.92$ kΩ,$R_3=7.96$ kΩ,$R_f=46.2$ kΩ,$R_1=24.3$ kΩ,$C=0.01$ μF,求滤波器的中心频率 f_0、上限频率 f_H 和下限频率 f_L,并画出幅频特性曲线。

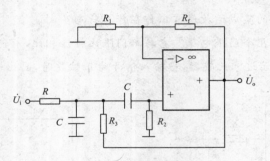

图 2-113 自测题 33 图

34.什么是振荡器？振荡器电路一般是由哪些部分组成的？

35.振荡器的起振条件与平衡条件是什么？

36.如图 2-85 所示文氏桥式正弦波振荡器，若 $C_1=C_2=0.01\ \mu F$，$R_3=10\ k\Omega$，$R_1=R_2=8.2\ k\Omega$，试估算振荡频率 f_0 与热敏电阻 R_t 的冷态阻值。

37.什么叫作函数信号发生器？

38.方波与矩形波的区别是什么？

39.如图 2-114 所示，(1)该电路是什么信号发生器？(2)估算频率 f_0 与周期 T；(3)估算输出波形 u_o 的振幅 U_{om}。

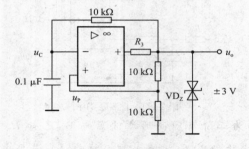

图 2-114 自测题 39 图

40.如图 2-115 所示，(1)该电路是什么信号发生器？(2)估算频率 f_0 与周期 T；(3)估算输出波形 u_o 的振幅 U_{om}。

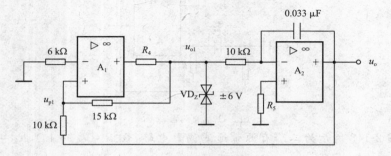

图 2-115 自测题 40 图

41. 如图 2-116 所示,(1)该电路是什么信号发生器?(2)写出计算占空比 D 的公式。

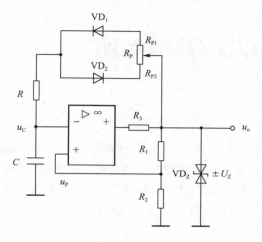

图 2-116　自测题 41 图

42. 如图 2-117 所示,该电路是什么信号发生器?试画出下列三种情况下的 u_{o1}、u_o 随时间变化的波形:(1)$R_{P1} = R_{P2}$;(2)$R_{P1} \gg R_{P2}$;(3)$R_{P1} \ll R_{P2}$。

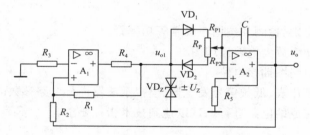

图 2-117　自测题 42 图

项目 3　功率放大器的设计与制作

项目说明

1. 项目描述

功率放大器(简称功放),俗称扩音机,其作用是将来自音源或前级放大器的弱信号放大,推动音箱发出声音。对于一套性能良好的音响系统来说,功放功不可没。在实际应用中,功放种类繁多,如音频功率放大器、射频功率放大器等。本项目将利用功率对管8050、8550设计、制作一个OTL音频功率放大器。

2. 技术指标

输出功率:2 W。

频率响应:50 Hz~20 kHz。

失真度:≤0.5%。

3. 能力目标

(1)能够正确识别、检测和选用三极管等功率管。

(2)能够读懂功率放大电路原理图。

(3)能够按照电路图插接电路。

(4)熟练使用万用表、低频信号发生器、模拟示波器进行电路参数的测量。

(5)能对制作完成的电路进行调试以达到技术指标要求。

4. 学习环境

实用电子电路设计与制作实训室。

5. 成果验收要求

(1)制作、调试完成的功率放大器实物。

(2)项目设计报告。

(3)答辩PPT。

项目内容与要求

1. 项目内容

(1)通过互联网或查阅电子元器件手册,熟悉三极管9013和功率对管8050、8550的性能。

(2)画出功率放大器的电路图。

(3)按照电路图在面包板上正确插接电路。

(4)调试电路,达到技术指标要求。

(5)答辩时正确回答问题,针对自己插接的电路提出改进意见。

(6)写出完整的项目设计报告。

2.知识要求

(1)功率放大器的特点及工作原理。

(2)功率放大器的应用。

3.技能要求

(1)掌握观察交越失真的方法。

(2)掌握电路制作、调试的方法。

项目实施

知识链接 1　多级放大器

项目 2 中我们讨论了由一个三极管或场效应管构成的单级放大器,其放大倍数一般为几十,而在实际应用中,往往要求放大倍数更大。为此,需要把若干单级放大器串接组成多级放大器。多级放大器的一般结构方框图如图 3-1 所示。输入级一般采用具有高输入电阻的共集放大器或场效应管放大器;中间级常由若干级共射放大器组成,以获得较大的放大倍数,输入级和中间级都是小信号放大电路;输出级应具有一定的输出功率,因而采用大信号放大电路——功率放大器。经过多级电路的放大,就可获得足够大的放大倍数。设输入级、中间级和输出级的放大倍数分别为 A_{u1}、A_{u2}、A_{u3},则多级放大器的放大倍数为各级放大倍数的乘积:$A_u = A_{u1} \times A_{u2} \times A_{u3}$。

图 3-1　多级放大器的一般结构方框图

在多级放大器中,由于将前级放大器的输出作为后级放大器的输入,因此,存在一个级与级之间的连接问题,通常称为级联。就像单级放大器与负载、信号源的耦合方式一样,多级放大器的级联方式也包括直接耦合、阻容耦合以及变压器耦合三种。

一、直接耦合多级放大器

1.电路结构

多级放大器前级的输出直接连接后级的输入,这种连接方式称为直接耦合。

由于级间采用直接耦合,前后级放大器的静态工作点相互影响,因此,前后两级直流电平的配合尤为重要,否则电路就无法正常工作。如图 3-2(a)所示的电路,两只管子参数满足 $U_{CE1} = U_{BE2}$。如果 VT_1 工作在放大状态,由前面分析可知 U_{CE1} 应为几伏的电压,该电压直接供给 U_{BE2} 的话会使 VT_2 烧坏,从而导致该电路不能正常工作。解决的办法是将 VT_2 管的发射级连接 R_{E2} 和 C_E,如图 3-2(b)所示,用电阻 R_{E2} 将 U_{CE1} 分压,以保证 VT_2 管基-射极电压 $U_{BE2} \approx 0.7$ V,电路就可正常工作。但接入 R_{E2} 的同时必须并联接入旁路电

容 C_E，否则 R_{E2} 会衰减待放大信号。也可采用图 3-2(c)所示的电路,利用稳压管 VD_Z 实现前后两级电平配合。

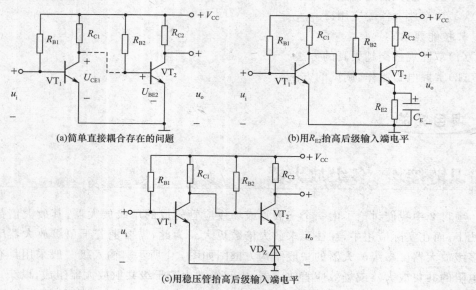

(a)简单直接耦合存在的问题   (b)用 R_{E2} 抬高后级输入端电平

(c)用稳压管抬高后级输入端电平

图 3-2   直接耦合多级放大器

【例 3-1】   如图 3-3 所示为两级放大器。VT_1、VT_2 为硅管($\beta_1 = \beta_2 = 60$),$V_{CC}=15$ V。(1)说明此电路的耦合方式;(2)说明各级电路的组态;(3)计算静态参数 I_{C1}、U_{CE1}、I_{C2}、U_{CE2}(忽略基极电流 I_B)。

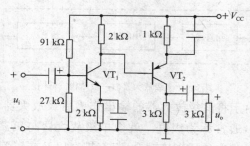

图 3-3   例 3-1 电路

解:(1)该电路为直接耦合两级放大器。

(2)两级均为共发射极电路。

(3) $U_{B1} = 15 \times \dfrac{27}{91+27} \approx 3.4$ mA(前面已有详细分析,直流通路图略)

$$I_{C1} \approx I_{E1} = \frac{3.4-0.7}{2} = 1.35 \text{ mA}$$

$$I_{C2} \approx I_{E2} = \frac{2 \times 1.35 - 0.7}{1} = 2 \text{ mA}$$

$$U_{CE1} = 15 - 1.35 \times (2+2) = 9.6 \text{ V}$$

$$U_{CE2} = I_{CE2} \times (1+3) - 15 = 2 \times (1+3) - 15 = -7 \text{ V}$$

2. 直接耦合的特点

(1)由于直接耦合前后级之间不需接入电抗元件,所以具有以下优点:结构简单,便于集成,并且具有较好的频率特性。

(2)由于采用直接耦合方式,因此前后级之间既可传递一定频率的交流信号,又能传递变化缓慢的交流信号或直流信号。

(3)由于直接耦合多级放大器前后级的静态工作点相互影响,因此,存在"零点漂移"现象(请参阅相关资料)。

二、阻容耦合多级放大器

1. 电路结构

在多级放大器中,通过外接电容和后级输入电阻实现前后两级耦合,把这种级联方式称为阻容耦合。如图 3-4 所示的两级放大器中,信号源与第一级、第一级与第二级、第二级与负载之间分别通过 C_1、C_2、C_3 实现耦合。由于耦合电容的容量较大,其容抗远小于后级输入电阻(或负载),因此在交流状态下电容可视为短路。

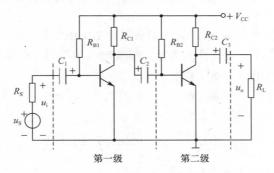

图 3-4　阻容耦合两级放大器

在阻容耦合放大器中,耦合电容起到"隔直通交"的作用。因此,各级放大器的静态工作点彼此独立,互不影响,即不存在"零点漂移"现象。但应指出的是,由于隔直电容的存在,阻容耦合放大器只能传递或放大具有一定频率的交流信号,不适于放大变化缓慢的交流信号或直流信号。

2. 电路分析

阻容耦合多级放大器中各级放大器的静态工作点相互独立,可以分别计算。计算方法与前面所述的单级放大器相同。下面只进行动态分析,动态分析一般包括:

(1)电压放大倍数 A_u——等于各级电压放大倍数之积

$$A_u = A_{u1} \times A_{u2} \times A_{u3} \tag{3-1}$$

其中,A_{u1}、A_{u2}、A_{u3} 分别为每一级的电压放大倍数。

(2)输入电阻 R_i——等于第一级的输入电阻

$$R_i = R_{i1} \tag{3-2}$$

(3)输出电阻 R_o——等于输出级的输出电阻

$$R_o = R_{o出} \tag{3-3}$$

其中,$R_{o出}$ 为输出级的输出电阻。

应当指出的是,单级放大器的电压放大倍数、输入电阻和输出电阻的计算,前面我们都已介绍,但在多级放大器中计算 A_{u1}、A_{u2}、A_{u3}、R_i、R_o 时,必须考虑前后级的相互影响,即前级相当于后级的信号源,后级相当于前级的负载。下面以两级放大器为例具体说明。

【例 3-2】 在图 3-5(a)所示的电路中,$\beta_1 = \beta_2 = 50$,$r_{be1} = 1 \text{ k}\Omega$,$r_{be2} = 0.2 \text{ k}\Omega$,求:(1)两级放大器的电压放大倍数 A_u;(2)两级放大器的输入电阻 R_i 和输出电阻 R_o。

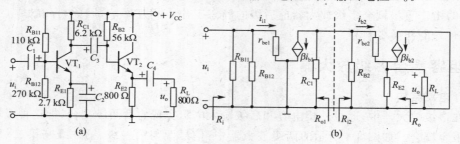

图 3-5 例 3-2 电路

解: 根据微变等效电路的画法,画出两级放大器的微变等效电路如图 3-5(b)所示。

(1)求 A_u

第一级为分压偏置放大器,第二级为射极输出器,由图可见第二级相当于第一级的负载,而这个等效负载(R_{o1})的阻值恰恰为第二级的输入电阻(R_{i2}),即 $R_{o1} = R_{i2}$。因此,先计算第二级输入电阻 R_{i2},由前面所学内容可知

$$R_{i2} = R_{B2} // [r_{be2} + (1+\beta_2)(R_{E2} // R_L)] = 56 // [0.2 + (1+50) \times (0.8 // 0.8)] \approx 15 \text{ k}\Omega$$

所以,第一级分压偏置放大器的电压放大倍数

$$A_{u1} = -\beta \frac{R_{C1} // R_{i2}}{r_{be1}} = -\frac{50 \times (6.2 // 15)}{1} \approx -219$$

第二级射极输出器的电压放大倍数

$$A_{u2} \approx 1$$

所以,两级放大器的电压放大倍数

$$A_u = A_{u1} \cdot A_{u2} \approx (-219) \times 1 = -219$$

(2)由于第一级为共射放大器,由图 3-5(b)得

$$R_i = R_{i1} = R_{B11} // R_{B12} // r_{be1} = 110 // 270 // 1 \approx 0.99 \text{ k}\Omega$$

由前面学过的射极输出器输出电阻的计算方法可知,该电阻与外接信号源内阻有关。而本电路中射极输出器的信号源内阻恰为第一级的输出电阻 R_{o1},并且 $R_{o1} = R_{C1} = 6.2 \text{ k}\Omega$,所以输出电阻为

$$R_o = R_{o2} = R_{E2} // \frac{r_{be2} + R_{B2} // R_{C1}}{1 + \beta} = 0.8 // \frac{0.21 + 56 / 6.2}{1 + 50} \approx 0.099 \text{ k}\Omega$$

通过以上分析可知,在计算第一级共射放大器的电压放大倍数时必须考虑它所带负载(第二级的输入电阻),同样地,计算第二级射极输出器的输出电阻时,要考虑它的等效信号源内阻(第一级的输出电阻)。

3. 阻容耦合的特点

(1)各级放大器的静态工作点彼此独立。

（2）由于耦合电容不能传递变化缓慢的交流信号或直流信号，故又称为交流放大器。

（3）由于在集成电路中制造较大容量的电容很困难，因此集成电路中很少采用阻容耦合方式。

三、变压器耦合多级放大器

变压器也是一种隔直通交器件，因此变压器耦合放大器也属于交流放大器。如图3-6所示为变压器耦合两级放大器。将变压器 Tr_1 的初级绕组串联在前级输出回路中，次级绕阻作为后级的信号源。为了避免次级绕组对后级静态工作点的影响，需串联接入电容 C_2，输出级经过变压器 Tr_2 将放大的交流信号传递给负载 R_L。应当指出的是，变压器在传输信号的同时，还具有阻抗变换作用。比如在功率放大器等许多器件中，为了获取最大输出功率，对放大器所带负载的阻值有比较严格的要求，若采用变压器耦合，就可以方便地实现阻抗匹配。

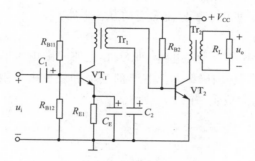

图 3-6 变压器耦合两级放大器

变压器耦合放大器的特点是：

（1）与阻容耦合方式相似，只能传递交流信号，并且频率特性不好。

（2）体积大，不便于集成。

知识链接2　功率放大器

一般电子设备中的放大系统通常是由输入级、中间级和输出级三部分构成的。输入级和中间级一般工作在小信号状态，要求具有较高的增益。而输出级则要求能带动一定的负载，因此，必须具备较大的电压、电流输出幅度，即能够输出一定的功率，我们把这类放大器称为功率放大器，简称功放。

功放工作在大信号状态下，要增加放大器的输出功率，必须使晶体管运行在极限的工作区域附近，所以非线性失真和消耗较大的直流电源功率是不可避免的。因此，减小非线性失真和提高效率就成为功放的首要问题。另外，由于功放工作在大信号状态下，所以微变等效电路法不再适用，对功放的动态分析只能用图解法。下面我们重点讨论功放的输出功率、效率及功率管的选择等问题。

根据低频功率放大器（功放工作在低频状态下）中三极管静态工作点设置的不同，可将功放分为甲类(A 类)、乙类(B 类)、甲乙类(AB 类)和丙类(C 类)。甲类功放静态工作点较高,在输入正弦信号的整个周期内三极管均导通,但由于三极管导通时间长、功耗大,所以输出效率低,除了对音质要求很高的情况,功率放大器一般不采用甲类状态(前面讨论的电压放大器工作在甲类状态);乙类功放静态工作点设置在截止点,三极管在输入正弦信号的半个周期内导通,管耗较小,但存在交越失真;甲乙类界于甲类和乙类之间,三极管导通时间小于整个周期,大于半个周期。丙类功放静态工作点设置在截止点以下,三极管导通时间小于半个周期,失真较大,一般用于射频调谐放大器。低频功放一般用乙类或甲乙类功放。

甲类、乙类、甲乙类功放

一、OCL 功放电路

对于乙类功放,由于三极管只在输入信号的半个周期内导通,而在另外半个周期内截止,所以,当输入正弦信号时,输出端只能获得半个周期的失真波形。为避免输出波形失真,在实际电路中均采用两只管子轮流导通的互补电路。

1. 工作原理

如图 3-7 所示为乙类互补功放电路,即 OCL 电路。图中 VT_1、VT_2 分别为导电性能相反、参数对应相同的两只互补管,两只管子的基极和发射极分别接在一起,信号由基极输入,从发射极输出,R_L 为负载,并且 $V_{CC} = V_{EE}$。

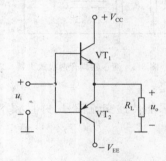

图 3-7 乙类互补功放电路(OCL)

静态($u_i = 0$)时,VT_1 和 VT_2 均处于零偏置状态,两只管子的 I_{BQ}、I_{CQ} 均为零,因此电路的输出电压 $u_o = 0$,此时电路不消耗功率。

当输入信号 $u_i > 0$ 时,VT_1 导通而 VT_2 截止,输出电流通过电源 V_{CC} 流入 VT_1 的集电极,再从发射极流出经过负载 R_L 到地,负载获得正半波输出。

当输入信号 $u_i < 0$ 时,VT_1 截止而 VT_2 导通,此时负载 R_L 上的电流方向与刚才正好相反,所以负载获得负半波输出。

由以上分析可知,在输入信号的一个周期内,通过 VT_1 和 VT_2 的交替导通,负载上正、负半波电压叠加后便形成了一个完整的不失真的正弦波输出信号。

2. 最大输出功率、输出效率、最大管耗

(1)最大输出功率 P_{om}

$$P_{om} = \frac{V_{CC}^2}{2 R_L}$$

(3-4)

（2）输出效率 η

$$\eta = \frac{\pi}{4} \times \frac{U_{om}}{V_{CC}}$$

式中，U_{om} 为输出电压的幅值。

输出功率最大时的输出效率 η_m（这时 $U_{om} = V_{CC}$）

$$\eta_m = \frac{\pi}{4} \approx 78.5\% \tag{3-5}$$

事实上，由于饱和压降及元器件损耗等因素，功放很难达到最大输出效率，乙类功放的输出效率一般为 60% 左右。

（3）最大管耗 P_{cm}

乙类功放中两只管子 VT_1、VT_2 消耗的能量相同，并且随时间而改变。我们把每只管子消耗的功率定义为管耗，并用 P_C 表示（$P_C = P_{C1} = P_{C2}$）。最大管耗是指在输入信号的一个周期内管子消耗功率的最大值，用 P_{cm} 表示。

$$P_{cm} = \frac{2}{\pi^2} P_{om} \approx 0.2 P_{om} \tag{3-6}$$

式中，P_{om} 为功放最大输出功率。

由此可见，乙类功放中每只管子的最大管耗约为最大输出功率的 1/5。因此在选择功率管时，为保证管子正常工作，要求功放中最大管耗不超过三极管的最大允许管耗 P_{CM}，即

$$P_{cm} = 0.2 P_{om} < P_{CM} \tag{3-7}$$

【例 3-3】 已知如图 3-7 所示的乙类互补功放 $V_{CC} = V_{EE} = 24\ V$、$R_L = 8\ \Omega$，试估算该电路的最大输出功率 P_{om}、最大管耗 P_{cm} 及最大输出效率 η_m，并说明该功放对功率管的要求。

解：（1）求 P_{om}、P_{cm}、η_m

最大输出功率由式（3-4）得　　$P_{om} = \dfrac{V_{CC}^2}{2R_L} = \dfrac{24^2}{2 \times 8} = 36\ W$

最大管耗由式（3-6）得　　$P_{cm} \approx 0.2 P_{om} = 0.2 \times 36 = 7.2\ W$

最大输出效率由式（3-5）得　　$\eta_m = \dfrac{\pi}{4} \approx 78.5\%$

（2）功率管的选择

选择功率管时为保证管子不被烧坏，要求功放中最大管耗不超过三极管的最大允许管耗 P_{CM}，即

$$P_{CM} > P_{om} = 7.2\ W$$

另外，乙类互补功放工作中总有一只管子处于截止状态，当输出电压 U_o 达到最大不失真输出幅度时，截止管所承受的反向电压也为最大，且近似等于 $2V_{CC}$，所以为保证功率管不被反向电压击穿，要求管子的最大反向击穿电压 $U_{(BR)CEO}$ 满足

$$U_{(BR)CEO} > 2V_{CC} = 2 \times 24 = 48\ V$$

功放在最大输出状态下，管子集电极电流也达到最大，用 I_{cmax} 表示，且

$$I_{cmax} = \frac{V_{CC}}{R_L} = \frac{24}{8} = 3\ A$$

为使放大电路失真不致太大,要求功率管的最大允许集电极电流 I_{CM} 满足

$$I_{CM} > I_{cmax} = 3 \text{ A}$$

所以,在选择功率管时应从以上三方面考虑,才能保证管子的正常使用。

二、OTL 功放电路

在乙类互补功放中,静态时由于 $I_C = 0$,所以要靠输入电压信号的激励来使管子导通。当输入正弦电压信号的瞬时值小于管子的死区电压(硅管约为 0.5 V,锗管约为 0.2 V)时,三极管不导通。于是两管交替工作衔接不好,在这一段时间内两只管子均不导通,使负载上无电流,以致输出电压出现失真,如图 3-8 所示。我们将这种失真称为交越失真。

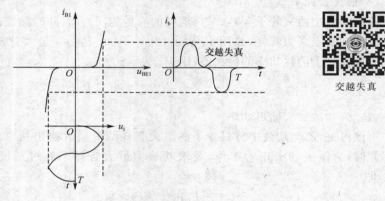

交越失真

图 3-8 乙类互补功放的交越失真

为克服乙类互补功放的交越失真,可分别给两只三极管的发射结加一很小的静态偏置电压,使两个三极管在不输入信号时处于微导通状态。这样,当输入信号曲线过零点时,两只管子交替工作就会使其比较平滑,从而减小了交越失真,但此时管子已工作在甲乙类放大状态。

如图 3-9 所示为单电源供电甲乙类互补功放电路,简称 OTL 电路。OTL 电路的特点是:单电源供电并外接容量较大的电容 C。

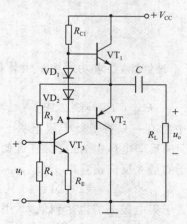

OTL 互补输出级电路

图 3-9 单电源供电甲乙类互补功放电路(OTL)

在图 3-9 中，VT_3 管构成前置放大级，将 VT_3 管的静态电流通过二极管 VD_1、VD_2 后产生的压降作为 VT_1、VT_2 管的静态偏置电压。电容 C 的容量一般较大，它一方面起隔直作用，另一方面充当电源。由于 VT_1、VT_2 管对称，两只管子连接端的直流电位为 $V_{CC}/2$，电容上的电压也被充电至 $V_{CC}/2$。当 VT_1 截止时，VT_2 的电流不能依靠 V_{CC} 供给，而只能通过电容 C 放电提供。由于电容 C 容量较大，可近似认为放电过程中电容的极板电压不变，这时电容相当于一个 $V_{CC}/2$ 的直流电源。

OTL 电路中有关最大输出功率、最大管耗等指标的计算方法与 OCL 电路相同，但由于 OTL 电路中每个三极管的工作电压仅为 $V_{CC}/2$，因此在应用 OCL 电路的有关公式时，应将 V_{CC} 用 $V_{CC}/2$ 替代。

一般来说，为了提高输出功率，我们希望获得尽可能大的输出电压。对图 3-9 中的电路来说，如果忽略三极管的饱和压降 $U_{CE(sat)}$，则输出电压的最大幅度可达 $V_{CC}/2$。但实际输出电压的正向峰值达不到 $V_{CC}/2$。因为随着输入电位 U_A（见图 3-9 中 A 点）的增大，通过 R_{C1} 的电流逐渐减小，从而影响 VT_1 管进入饱和状态，其管压降 U_{CE} 增大，导致输出正向幅度减小。为了解决上述问题，功放电路中引入自举电路，如图 3-10 所示。

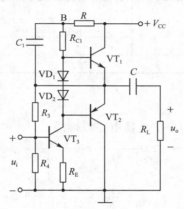

图 3-10　带自举电路的 OTL 功放电路

图 3-10 中接入较大容量的电容 C_1。C_1 上的直流电压在工作中可认为不变，在输出信号的正峰值时，利用电容充电，电压将图 3-10 中 B 点的电位举高，以避免因输入增大而影响 R_{C1} 的电流，保证供给 VT_1 管足够大的基极电流，从而使其进入饱和状态。

项目制作与调试

一、教学设备与器件

教学设备：万用表、直流稳压电源、低频信号发生器、模拟示波器、常用工具等。

元器件清单如表 3-1 所示。

表 3-1 功率放大器元器件清单

序号	电子元器件名称	规格	数量	备注
1	二极管	1N4148	2	VD_1,VD_2
2		9013	1	VT_1
3	三极管	8050	1	VT_2
4		8550	1	VT_3
5	电位器	50 kΩ/3296 型	1	R_P
6		470 μF/16 V	1	
7	电解电容	220 μF/16 V	1	
8		2.2 μF/16 V	1	
9	瓷片电容	0.1 μF(104)	1	
10		22 kΩ	1	
11		10 kΩ	1	
12		1 Ω	1	
13	电阻	2.2 kΩ	1	
14		0.5 Ω	2	
15		22 Ω	1	
16		10 Ω	1	
17	面包板		1	

二、电路原理图

如图 3-11 所示为 OTL 功率放大器电路原理图。

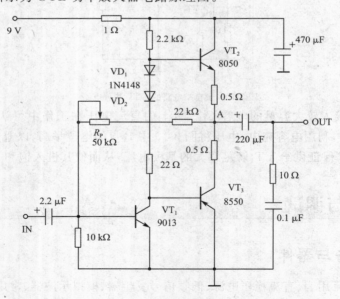

图 3-11 OTL 功率放大器电路原理图

三极管 9013 与其外围元器件构成前置放大器；NPN 型三极管 8050 和 PNP 型三极管 8550 构成功率放大器（OTL）。两个二极管 1N4148 的作用是消除交越失真。50 kΩ

电位器的作用是调整三极管 8050、8550 中点（A 点）电压为电源电压的一半。

三、电路的制作

（1）正确判断三极管 9013、8050、8550 和二极管 1N4148 的管脚以及电容的极性。三极管 9013、8050、8550 管脚的判别方法是：使其平面朝向自己，三个管脚朝下放置，则从左到右依次为 E、B、C。

（2）布线要清晰，可用万用表测量各点的通断情况。

（3）注意安全用电。

四、电路的调试与验收

（1）接通直流电源，调节电位器，使 8050、8550 中点（A 点）电位为电源电压的一半。

（2）输入端输入交流信号（$U_{iP\text{-}P}=300\ \text{mV}$，$f=1\ \text{kHz}$），观察、测量输出端电压波形，逐渐增大输入信号的幅度，记录最大不失真输出电压。

（3）验收电路，填写项目验收记录单，如表 3-2 所示。

表 3-2   功率放大器制作项目验收记录单

班级 ＿＿＿＿＿＿＿＿＿＿＿   学号 ＿＿＿＿＿＿＿＿＿＿＿   姓名 ＿＿＿＿＿＿＿＿＿＿＿

验收时间	调试/验收项目	评价标准	验收情况	评分
	静态中点电位	4.5 V		
	输入电压	$U_{iP\text{-}P}=300\ \text{mV}$ $f=1\ \text{kHz}$		
	输出电压幅度			
	最大不失真输出电压			
	布局	合理、美观、无接错 （满分 10 分）		
验收结论				
教师及学生签字				

五、容易出现的问题

A 点电位调不到 4.5 V：三极管 8050、8550 接错或烧毁。

考核与评价标准

1. 考核要求

（1）正确识别三极管 9013、8050、8550 的管脚。

（2）能够利用网络或其他途径查找资料，画出功率放大器电路原理图。

（3）能使用万用表、直流稳压电源、低频信号发生器、模拟示波器等仪器测量电路的参数。

（4）能够按照电路原理图插接和调试实用电路。

要求在给定的时间内完成以下工作：

①选择正确的元器件。

②正确插接电路，要求布局合理、美观。

③测试、调试电路。

（5）完成项目设计报告。

报告字数在 2000 字以上，手写或打印均可，但要求统一用 A4 纸，注明页码并装订成册。报告应包括以下内容：

①项目设计报告封面。

②工作计划。

③项目背景和要求。

④要达到的能力目标。

⑤电路设计，简单分析电路的工作原理，确定外围元器件参数。

⑥电路图，所用仪器清单，制作过程记录。

⑦电路的调试过程。

⑧电路制作、调试结果（实际制作电路的技术指标）。

⑨制作和调试过程中出现的问题及解决情况。

⑩收获及体会。

（6）答辩时正确回答问题。

2. 考核标准

（1）优秀

①能够正确识别三极管和功率管的管脚，能够正确分析功放电路的工作原理。

②具备较强的实验操作能力，基本能独立插接、调试电路。

③按时完成项目设计报告，并且报告结构完整、条理清晰，具有较好的表达能力。

④答辩时正确回答问题，表述清楚。

⑤理论分析透彻、概念准确。

⑥能独立完成项目设计全部内容。

⑦能客观地进行自我评价、分析判断并论证各种信息。

（2）良好

达到优秀标准中的①～④。

（3）合格

①对电路工作原理的分析基本正确，但条理不够清晰。

②能自主搭接电路，但出现问题不能独立解决。

③按时完成项目设计报告，报告结构和内容基本完整。

（4）不合格

有下列情况之一者为不合格：

①无故不参加项目设计。

②未能按时递交操作结果或项目设计报告。

③抄袭他人项目设计报告。

④未达到合格条件。

不合格的同学必须重做本项目。

延伸阅读　晶闸管

晶闸管（Thyristor）是晶体闸流管的简称，又可称作可控硅整流器，是一种大功率半导体器件。1957 年，美国通用电器公司开发出世界上第一个晶闸管产品，并于 1958 年使其商业化。晶闸管具有硅整流器件的特性，它具有体积小、重量轻、无噪声、寿命长、容量大（正向平均电流达数千安、正向耐压达数千伏）等特点。它的出现使半导体器件由弱电领域扩展到强电领域。晶闸管能在高电压、大电流条件下工作，且其工作过程可以被控制，被广泛应用于整流（交流→直流）、逆变（直流→交流）、变频（交流→交流）、斩波（直流→直流）、无触点电子开关等领域，是典型的小电流控制大电流的设备。

一、晶闸管的结构和工作原理

1.晶闸管的结构

晶闸管的结构如图 3-12（a）所示。图 3-12（b）是其简化结构示意图，图 3-12（c）是其图形符号。由图可知，晶闸管是 PNPN 四层半导体结构，构成三个 PN 结。它有三个极：阳极（A）、阴极（K）和门极（G）。可以把它中间的 NP 分成两部分，从而构成一个 PNP 型三极管和一个 NPN 型三极管的复合管，如图 3-13 所示。

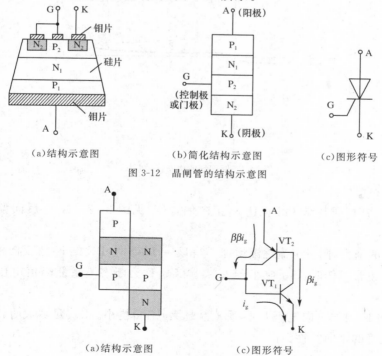

（a）结构示意图　　（b）简化结构示意图　　（c）图形符号

图 3-12　晶闸管的结构示意图

（a）结构示意图　　　　（c）图形符号

图 3-13　晶闸管等效电路

2.晶闸管的工作原理

晶闸管的导通与截止(关断)两个状态是由阳极电压、阳极电流和门极电流共同决定的。如图 3-13(b)所示,有:

(1)当 $U_{GK} \leqslant 0$ 时,无论是 $U_{AK} > 0$ 还是 $U_{AK} < 0$,晶闸管均截止。

(2)当 $U_{AK} > 0$,$U_{GK} > 0$ 时,$i_g = i_{b1}$,$i_{c1} = \beta i_g = i_{b2}$,$i_{c2} = \beta i_{b2} = \beta\beta i_g = i_{b1}$,$VT_1$ 导通,VT_2 导通,形成正反馈,晶闸管迅速导通。

(3)晶闸管导通后,去掉 U_{GK},由于存在正反馈,晶闸管仍维持导通状态。

(4)晶闸管由导通转换为截止的条件:减小 U_{AK},使晶闸管中电流小于某一值 I_H。I_H 称为最小维持电流。

由以上分析可得如下结论:

(1)晶闸管具有单向导电性。

(2)晶闸管一旦导通,控制极就失去作用。

二、晶闸管的伏安特性与主要参数

1.晶闸管的伏安特性

晶闸管的伏安特性曲线如图 3-14 所示。

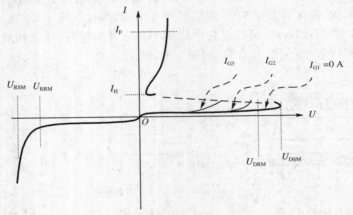

图 3-14　晶闸管的伏安特性曲线

(1)正向特性($U_{AK} > 0$)

控制极开路时,PN 结 P_1N_1、P_2N_2 正向偏置(参见图 3-12),N_1P_2 反向偏置,晶闸管截止。

随着 U_{AK} 的增大,阳极电流逐渐增加。当 $U = U_{DSM}$ 时,PN 结 N_1P_2 反向极击穿,晶闸管自动导通。正常工作时,U_{AK} 应小于 U_{DSM}。U_{DSM} 称为断态不重复峰值电压,又称正向转折电压。

若在 G 和 K 间加正向电压 U_{GK},则 U_{GK} 越大,U_{DSM} 越小。U_{GK} 足够大时,晶闸管的正向特性与二极管的正向特性类似。

(2)反向特性($U_{AK} < 0$)

此时 PN 结 P_1N_1、P_2N_2 反向偏置,N_1P_2 正向偏置,晶闸管截止。随着反向电压的增加,反向漏电流稍有增加,当$U = U_{RSM}$时,反向极击穿。正常工作时,反向电压必须小于U_{RSM}。U_{RSM}称为反向不重复峰值电压。

2. 晶闸管的主要参数

(1)断态重复峰值电压U_{DRM}

断态重复峰值电压U_{DRM}为晶闸管正向耐压值。一般取$U_{DRM} = 80\% \ U_{DSM}$。普通晶闸管的U_{DRM}为$100 \sim 3\ 000$ V。

(2)反向重复峰值电压U_{RRM}

反向重复峰值电压U_{RRM}是在控制极开路时,可以重复作用在晶闸管上的反向重复电压。一般取$U_{RRM} = 80\% \ U_{RSM}$。普通晶闸管U_{RRM}为$100 \sim 3\ 000$ V。

(3)通态平均电流I_{TAV}

通态平均电流I_{TAV}是在环境温度为40 ℃时,在电阻性负载、单相工频正弦半波、导电角不小于170°的电路中,晶闸管允许的最大平均电流。普通晶闸管的I_{TAV}为$1 \sim 1\ 000$ A。

额定通态平均电流即正向平均电流。通用系列有1 A、5 A、10 A、20 A、30 A、50 A、100 A、200 A、300 A、400 A、500 A、600 A、800 A、1 000 A 等14种规格。

(4)通态平均电压U_{TAV}

通态平均电压U_{TAV}也称为晶闸管的管压降。在规定的条件下,通过正弦半波平均电流时,晶闸管阳、阴两极间的电压平均值。一般为1 V左右。

(5)最小维持电流I_H

在室温下,控制极开路、晶闸管被触发导通后,维持导通状态所必需的最小电流。一般为几十到一百多毫安。

(6)控制极触发电压U_G和电流I_G

在室温下,阳极电压为直流6 V时,使晶闸管完全导通所必需的最小控制极直流电压、电流。一般U_G为$1 \sim 5$ V,I_G为几十到几百毫安。

三、晶闸管的种类及命名方法

1. 晶闸管的种类

(1)按关断、导通及控制方式分类

晶闸管按其关断、导通及控制方式可分为普通晶闸管(SCR)、双向晶闸管(TRIAC)、逆导晶闸管(RCT)、门极关断晶闸管(GTO)、BTG 晶闸管、温控晶闸管(国外:TT,国内:TTS)和光控晶闸管(LTT)等多种。

(2)按管脚和极性分类

晶闸管按其管脚和极性可分为二极晶闸管、三极晶闸管和四极晶闸管。

(3)按封装形式分类

晶闸管按其封装形式可分为金属封装晶闸管、塑封晶闸管和陶瓷封装晶闸管三种类型。其中,金属封装晶闸管又分为螺栓型、平板型、圆壳型等多种;塑封晶闸管又分为带散热片型和不带散热片型两种。

（4）按电流容量分类

晶闸管按电流容量可分为大功率晶闸管、中功率晶闸管和小功率晶闸管三种。通常，大功率晶闸管多采用金属壳封装，而中小功率晶闸管则多采用塑封或陶瓷封装。

（5）按关断速度分类

晶闸管按其关断速度可分为普通晶闸管和快速晶闸管。快速晶闸管包括所有专为快速应用而设计的晶闸管，有常规的快速晶闸管和工作在更高频率的高频晶闸管，可分别应用于 400 Hz 和 10 kHz 以上的斩波或逆变电路中。

2.晶闸管的命名方法

晶闸管的命名方法如图 3-15 所示。

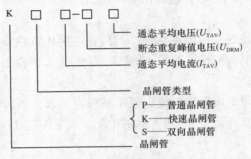

图 3-15　晶闸管的命名方法

四、晶闸管的保护

晶闸管的主要弱点是承受过电压和过电流的能力很弱，一旦过流，温度急剧升高，器件将被烧坏。当电压超过其反向击穿电压时，即使时间极短，也容易损坏。正向电压超过正向转折电压时，会产生误导通，导通后的电流较大，使器件受损。因此，在使用晶闸管时要注意过电压和过电流保护。

1.晶闸管的过电压保护

晶闸管的过电压保护的主要保护方法有阻容保护和硒堆保护，如图 3-16 所示。阻容保护是利用电容吸收过电压，即将过电压的能量变成电场能量储存到电容中，然后由电阻消耗掉；硒堆为非线性元器件，过电压后迅速击穿，其电阻减小，抑制过电压冲击。高电压过后，硒堆可恢复到击穿前的状态。

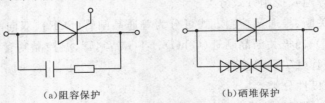

(a)阻容保护　　　　　　　　　　(b)硒堆保护

图 3-16　晶闸管的过电压保护

2.晶闸管的过电流保护

晶闸管的过电流保护有快速熔断器保护、过电流继电器保护、过电流截止电路保护等方法。图 3-17 是快速熔断器保护示意图。快速熔断器还可以接在晶闸管电路的输出端或输入端。

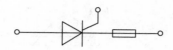

图 3-17　晶闸管的快速熔断器保护

过电流继电器保护是指在输出端串接直流过电流继电器。过电流截止电路保护是指利用电流反馈减小晶闸管的导通角或停止其触发,从而切断过电流电路。

五、可控整流电路

1. 单相半波可控整流电路

单相半波可控整流电路如图 3-18(a)所示。设输入信号 u_1 为正弦电压,u_G 为脉冲触发信号。

(1)u_2 的正半周时,$u_T > 0$,未施加 u_G 时,晶闸管未导通;当施加 u_G 时,晶闸管导通,且 u_L 的大小随 u_G 加入的早晚而变化。

(2)u_2 的负半周时,$u_A < 0$,晶闸管关断,$u_L = 0$。

工作波形如图 3-18(b)所示。由于输出电压 u_L 受 u_G 控制,故称可控整流。图中 α 为控制角,θ 为导通角。

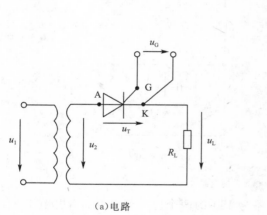

(a)电路

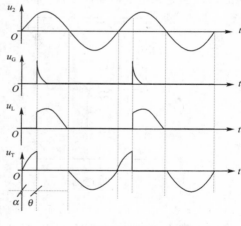

(b)工作波形

图 3-18　单相半波可控整流电路

2. 单相全波可控桥式整流电路

图 3-19(a)为单相全波可控整流电路,图中 VT_1、VT_2 为晶闸管,VD_1、VD_2 为二极管。设输入信号为正弦波,即输入电压 u_2 为正弦波。

(1)u_2 的正半周时,VT_1 和 VD_2 承受正向电压,当施加 u_G 时,VT_1 导通,VD_2 导通。

(2)u_2 的负半周时,VT_1 关断,VD_2 截止。VT_2 和 VD_1 承受正向电压。当施加 u_G 时,VT_2 导通,VD_1 导通。

工作波形如图 3-19(b)所示。

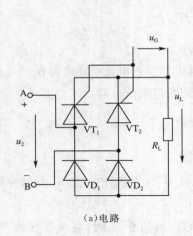

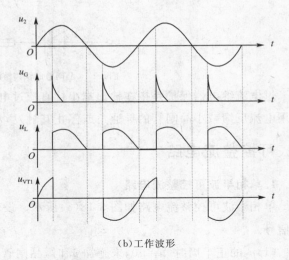

(a)电路　　　　　　　　　　　　　　(b)工作波形

图 3-19　单相全波可控整流电路

六、单相无源逆变器

逆变器是一种将直流电(DC)转化为交流电(AC)的装置。利用晶闸管可以达到逆变的目的。单相无源逆变器如图 3-20 所示。

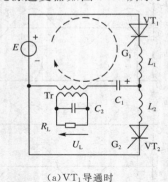

(a)VT₁导通时　　　　　　　　　　(b)VT₂导通时

图 3-20　单相无源逆变器

两晶闸管在工作时,由频率一定、相位差为 180°的两个脉冲信号交替作用在它们的控制极上,从而实现由直流电源提供能量,在负载上得到交流电压。

当触发脉冲作用于 VT₁ 的控制极时,VT₁导通,直流电源给电容 C_1 充电,其方向如图 3-20(a) 中虚线所示。充电电流通过变压器 Tr 给负载提供一定的电压。

当触发脉冲作用于 VT₂ 的控制极时,VT₂导通,电容 C_1 通过 VT₂放电,其方向如图 3-20(b)中虚线所示。放电电流通过变压器 Tr 给负载提供与之前方向相反的电压。

电容放电时,放电电流在电感 L_2 上产生感应电动势,方向如图 3-20(b)所示。此感应电动势通过互感,在 L_1 上产生的电压将晶闸管 VT₁关断;同理,电容充电时 L_2 上的感应电动势将 VT₂关断。

1. 填空题

(1)多级放大器一般由＿＿＿＿＿＿、＿＿＿＿＿＿和＿＿＿＿＿＿构成。输入级一般采用具有高输入阻抗的＿＿＿＿＿＿＿＿＿＿＿＿；中间级常由若干级＿＿＿＿＿＿组成,以获得＿＿＿＿＿＿＿＿；输出级应具有一定的输出功率,因而采用＿＿＿＿＿＿。

(2)多级放大器的电压放大倍数等于＿＿＿＿＿＿＿＿＿＿＿＿,输入电阻等于＿＿＿＿＿＿,输出电阻等于＿＿＿＿＿＿＿＿。

(3)多级放大器的级联方式有＿＿＿＿＿＿＿＿、＿＿＿＿＿＿和＿＿＿＿＿＿三种。

(4)根据低频功率放大器中三极管静态工作点设置的不同,可将功放分为＿＿＿＿类、＿＿＿＿＿类和＿＿＿＿＿类。甲类功放的静态工作点＿＿＿＿＿＿＿＿,在整个周期内三极管均＿＿＿＿＿＿,一般做＿＿＿＿＿＿放大器;乙类功放的静态工作点设置在＿＿＿＿＿＿＿＿＿＿,三极管在输入信号的＿＿＿＿＿＿＿＿内导通;甲乙类界于甲类和乙类之间,三极管导通时间＿＿＿＿＿＿＿＿＿＿。

(5)OCL又称为＿＿＿＿＿＿＿＿,OCL电路中三极管工作在＿＿＿＿＿类状态,存在＿＿＿＿＿＿失真。OTL电路的特点是＿＿＿＿＿＿＿＿＿＿,其中大电源的作用是＿＿＿＿＿＿＿＿＿＿。

(6)OCL和OTL电路的主要区别是:OTL电路为单电源供电,输出端有一只＿＿＿＿＿＿,而OCL电路为＿＿＿＿＿＿供电。

(7)乙类互补功率放大电路会产生一种被称为＿＿＿＿＿＿失真的特有非线性失真。为消除这种失真,应使功放工作在＿＿＿＿＿＿状态。

(7)晶闸管是＿＿＿＿＿＿＿＿的简称,又称为＿＿＿＿＿＿＿＿,是一种大功率半导体器件。

(8)晶闸管是＿＿＿＿四层半导体结构,它有三个极:＿＿＿＿＿＿、＿＿＿＿＿＿和＿＿＿＿。

2. 说明在下列情况下多级放大器应选用哪种耦合方式:

(1)要使各级静态工作点独立,且设计、调试方便;

(2)要使低频特性好,元件适合电路集成;

(3)要能够放大变化缓慢的信号;

(4)要使静态时负载上不含有直流成分。

3. 如图3-21所示为两级放大器,已知各级空载电压的放大倍数均为 -100,输入电阻 $R_{i1}=R_{i2}=1\ \text{k}\Omega$,输出电阻 $R_{o1}=R_{o2}=1\ \text{k}\Omega$,试求两级放大器的总电压放大倍数 A_u。

4. 如图3-21所示的电路中,若已知:$R_{B1}=R_{B2}=500\ \text{k}\Omega$,$R_{C1}=R_{C2}=3\ \text{k}\Omega$,三极管型号相同,$\beta_1=\beta_2=29$,$r_{be1}=r_{be2}=1.5\ \text{k}\Omega$。求:每级放大器的电压放大倍数 A_{u1}、A_{u2} 以及总电压放大倍数 A_u。

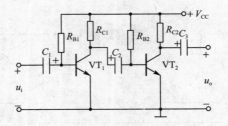

图 3-21　自测题 3 图

5.在两级放大器中,欲加入一射极输出器,不考虑信号源内阻,请问当分别把它加入输入级、中间级、输出级时,总电压放大倍数是否发生变化? 怎样变化? 为什么?

6.互补功率放大器的输入信号为正弦波,试回答在什么情况下电路的输出波形出现双向失真? 在什么情况下出现交越失真? 并用波形示意图表示这两种失真。

7.如图 3-22 所示为 OCL 功放,已知 $V_{CC} = 15$ V,$R_L = 8$ Ω,u_i 为正弦电压。试求:

(1)当 $U_{CE(sat)} = 0$ 时,R_L 可能得到的最大输出功率 P_{om};

(2)每只管子的管耗 P_{cm};

(3)每只管子的耐压 $U_{(BR)CEO}$。

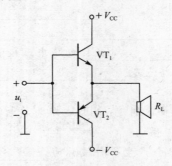

图 3-22　自测题 7 图

8.如图 3-23 所示为推挽功放电路,已知 $V_{CC} = 12$ V,$R_L = 16$ Ω,试求:

(1)极限情况下的 P_{om};

(2)功率管参数 P_{CM}、I_{CM} 及 $U_{(BR)CEO}$。

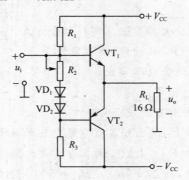

图 3-23　自测题 8 图

9. 带自举电路的 OTL 功效电路如图 3-24 所示，若 $V_{CC} = 12$ V，$R_L = 16$ Ω，试求：

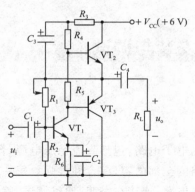

图 3-24　自测题 9 图

(1) 简述电容 C_3、C_4 的作用，并回答静态时 C_4 两端电压；

(2) 最大不失真输出功率 P_{om}；

(3) VT_2、VT_3 管承受的最大管耗 P_{cm2}、P_{cm3}；

(4) 三极管的极限参数 P_{CM}、I_{CM} 及 $U_{(BR)CEO}$。

10. 晶闸管的主要应用有哪些？

11. 简述晶闸管的特点、主要应用及保护方法。

12. 简述晶闸管的工作原理及主要参数。

13. 参照图 3-18 和图 3-19，说明单相半波可控整流电路和单相全波可控整流电路的工作原理。

项目 4 扩音机的安装与调试

项目说明

1. 项目描述

扩音机是常用的、典型的电子电路,包括直流稳压电源、音频前置放大器、功率放大器三部分,基本覆盖了放大电路的全部内容,综合性很强。每一部分都是一个独立的单元电路,加上一些辅助电路和接口电路,连接在一起,通过调试,就构成一个可以实际应用的扩音机。

本项目就是在之前三个项目的基础上,在 PCB 板上焊接电路,通过安装和调试,完成扩音机的制作。

2. 能力目标

(1)能读懂实用电子电路原理图。

(2)能够按照电路原理图焊接实用电路。

(3)熟练使用万用表、信号发生器、模拟示波器等电子测量仪器进行电路基本参数的测量。

(4)能够对制作完成的电路进行调试以满足设计要求。

3. 学习环境

实用电子电路设计与制作实训室。

4. 成果验收要求

(1)制作、调试完成的扩音机实物。

(2)项目设计报告。

(3)答辩 PPT。

项目内容与要求

1. 项目内容

(1)将项目 2 和项目 3 中的电路原理图组合在一起,画出整机电路图。

(2)在 PCB 板上正确焊接电路。

(3)正确安装扩音机的各部分电路。

(4)调试电路,达到要求。

(5)答辩时正确回答问题,并提出改进意见。

(6)写出完整的项目设计报告。

2. 知识要求

(1)直流稳压电源。

(2)音频前置放大器。

(3)功率放大器。

3.技能要求

(1)掌握电路制作、调试方法。

(2)掌握整机安装方法。

(3)掌握电钻、热熔枪等工具的使用方法。

项目制作与调试

一、教学设备与器件

教学设备:万用表、直流稳压电源、低频信号发生器、示波器、焊接工具、热熔枪、电钻等。

元器件清单如表 4-1 所示。

表 4-1　　　　　　　　　　　　　　扩音机元器件清单

序号	电子元器件名称	规格	数量	备注
1	Φ65 mm 扬声器	8 Ω/2 W	2	
2	集成电路	NE5532	2	IC1,IC2
3	二极管	1N4148	4	VD1,VD2,VD3,VD4
4	三极管	9013	2	VT1,VT4
5		8550	2	VT3,VT5
6		8050	2	VT2,VT6
7	电位器	50 kΩ/3296 型	2	VR1,VR4
8	三端式稳压器	LM7806	1	IC3
9		470 μF/16 V	1	C1
10	电解电容	220 μF/16 V	6	C6,C7,C10,C13,C14,C19
11		2.2 μF/16 V	8	C2,C3,C4,C5,C8,C11,C12,C21
12		47 μF/16 V	1	C20
13	瓷片电容	104(0.1 μF)	5	C15,C16,C17,C18,C22
14		1 kΩ	4	R13,R15,R19,R22
15		22 kΩ	6	R4,R9,R25,R26,R27,R28
16		10 kΩ	8	R5,R6,R14,R16,R17,R18,R20,R21
17		6.8 kΩ/1/6 W	4	R32,R33,R34,R35
18	电阻	1 Ω/1/4 W	2	R11,R12
19		2.2 kΩ	2	R3,R10
20		0.5 Ω/1/4 W	4	R1,R2,R7,R8
21		22 Ω	3	R23,R30,R31
22		10 Ω	2	R24,R29

（续表）

序号	元器件名称	规格	数量	备注
23	插头、插座	2P	5	S1,S3,S6,S7,S8
24		3P	1	S2
25		4P	2	S4,S5
26	电源插座	Φ5.5 mm	1	
27	印制电路板	72 mm×56 mm	2	
28	外壳	160 mm×80 mm×80 mm	1	
29	螺钉	M4 mm×24 mm	4	固定外壳
30	沉头螺钉	M2.5 mm×8 mm	2	固定 MP3
31	螺母	M2.5 mm	2	
32	热缩管	Φ4 mm	若干	
33	热缩管	Φ3 mm	若干	
34	热溶胶		若干	
35	IC 插座	8P	2	
36	信号输入插座	Φ3.5 mm	1	
37	插针	单针	12	JP1～JP12
38	排线	20 线	1	
39	MP3 解码器		1	

注：①图 4-1 中左下角直流稳压电源部分已在项目 1"直流稳压电源的设计与制作"中完成，连接插座 S8。

②图 4-1 中整流桥（QD₁），因有稳压器 LM7806，所以可省去，将输入插座 S2 的两个脚直接与整流桥的"＋""－"相连即可。

③图 4-2 中 C10 和 C6 可都取 220 μF（或 330 μF，本项目均用 220 μF），这两个电容即电路原理图中输出端的两个 220 μF 电容。PCB 板图中有 2 个 220 μF 电容接在电源和地之间，起到隔离的作用（原理图中未画出）。

二、电路制作

1. 电路的焊接

扩音机电路原理图如图 4-1 所示，PCB 板图如图 4-2 所示。

（1）按照电路原理图，在 PCB 板上焊接电路。电路板有两块，分别是左声道和右声道。

（2）每个声道都有音频前置放大器和功率放大器两部分，两部分都用 9 V 直流稳压电源供电。功率放大器部分直接用 9 V 电源供电，音频前置放大器部分在 9 V 电源后面加一片 LM7806（固定在一块电路板上），即运放 NE5532 由 6 V 直流稳压电源供电。

（3）先焊接电路板中间的小元器件，再焊接大元器件，焊接顺序为：

1N4148—电阻—IC 插座—LM7806（注意字面朝上，平放）—2 针、3 针、4 针插座—104 电容—电解电容（2.2 μF）—三极管—电解电容（47 μF、220 μF、470 μF）—电位器。

（4）焊接引线插座时要注意方向。

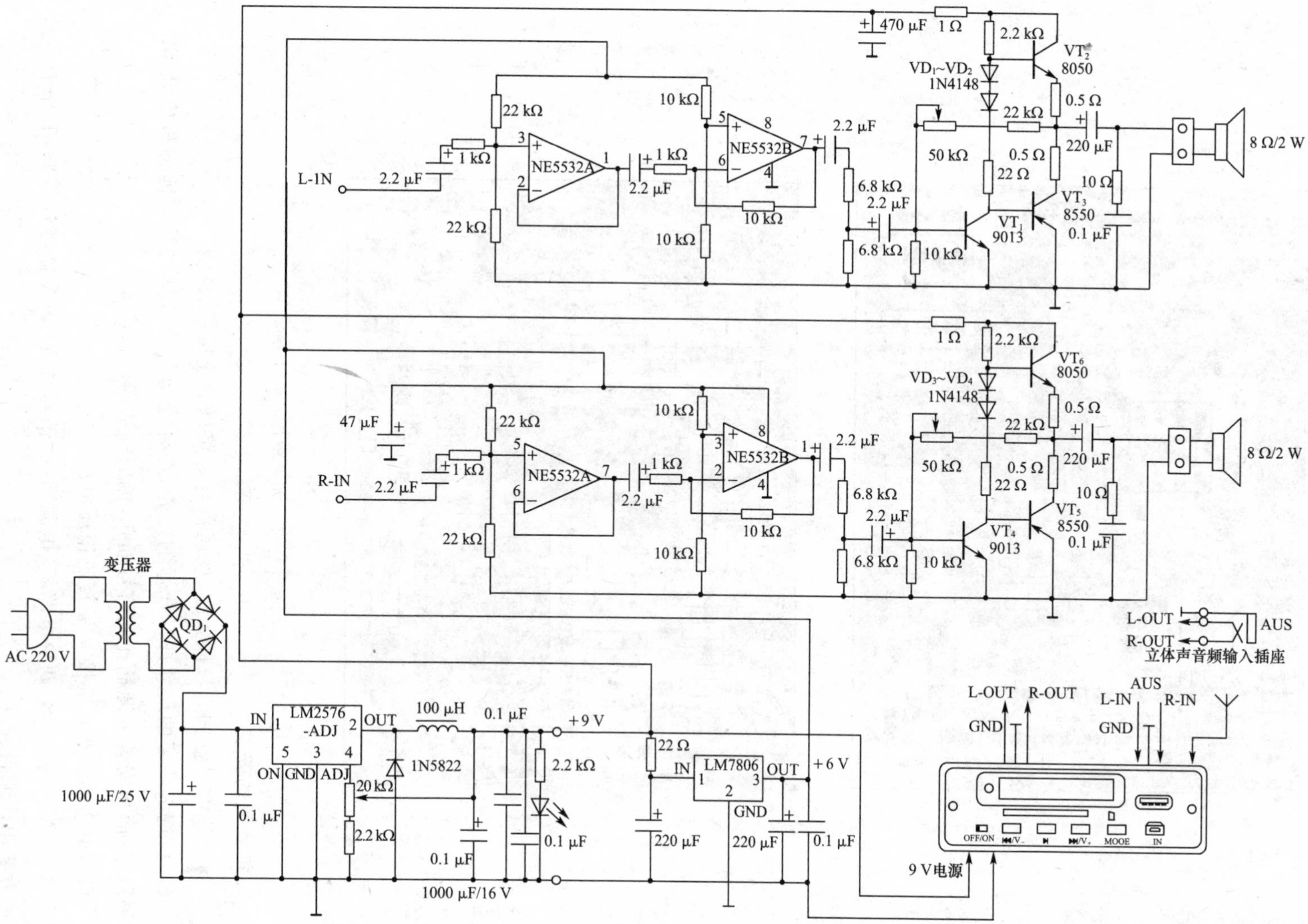

图4-1 扩音机电路原理图

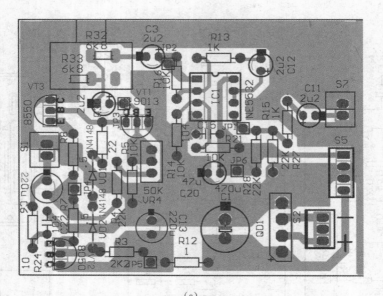

(a)

(b)

图 4-2　扩音机电路 PCB 板图

2. 扩音机的安装

(1)做线:包括电源线、插头线、变压器与电路板的连接线、排线。

(2)根据电路板的尺寸选择合适的外壳,在外壳上打出合适的孔。前面板安装 MP3 解码器,后面板安装电源插孔和信号插孔,侧面安装两个扬声器。

(3)MP3 解码器直接接 9 V 直流稳压电源。

(4)将 MP3 解码器、两块电路板、电源插孔、信号插孔、扬声器等连接好,其中有裸线的地方要用热缩管套好。

(5)电路板、扬声器、MP3 解码器等要用热熔胶将其跟外壳固定。

插座连接方法：

（1）S1、S3：分别接两个扬声器。焊接时注意正负方向，地线接扬声器的负极。

（2）S2：接电源插头，电源插头同时接 MP3 解码器的电源端。焊接时注意正负方向。

（3）S4、S5：给两块电路板供电，接在一起，注意极性。1 脚提供 6 V 电压，4 脚提供 9 V 电压，2、3 脚接地。

（4）S6、S7：左右声道信号输入端，接 MP3 解码器的信号输出端。

（5）信号输入插座：接 MP3 解码器的左右声道信号输入端。

3.扩音机的调试

（1）电路板调试

①电路板焊接完成之后，插上 NE5532，外接 9 V 电源，分别调节两个电位器，使两块电路板上的三极管 8050 和 8550 的中点电位为电源电压的一半（4.5 V）。

②输入端接正弦交流信号（f 为 1 kHz，V_{P-P} 为 100 mV 左右），使用示波器分别测试两块电路板的音频前置放大器输出端和功率放大器输出端的信号，观察其波形和幅值是否达到技术指标要求。

（2）整机调试

安装完成后，接通电源（9 V 电源在前面任务已经完成），在 MP3 解码器上插入 U 盘，分别听两个扬声器的声音，判断声音大小是否一致。调节音量的大小，看是否产生失真。

制作、调试完成的扩音机实物如图 4-3 所示。

(a)

(b)

图 4-3　制作完成的扩音机实物

4. 项目验收

分两部分验收，即电路板验收和整机验收。填写项目验收记录单，如表 4-2 所示。

表 4-2　　　　　　　　　　　　　扩音机安装与调试项目验收单

班级＿＿＿＿＿＿＿＿　　　学号＿＿＿＿＿＿＿＿　　　姓名＿＿＿＿＿＿＿＿

验收时间	调试/验收项目	参数	评价标准		验收情况		评分
	电路板	电源电压	9 V				
		中点电位	4.5 V				
		喇叭声	左	右	左	右	
			有	有			
		最大不失真输入电压	＞40 mV（有效值）				
		焊点	牢固、光滑、无虚焊（满分 10 分）				
		布局	清晰、无错焊（满分 10 分）				
	扩音机安装	喇叭声	左	右	左	右	
			有	有			
		有无失真	无明显失真				
		安装工艺	安装正确、线头处理好、布线清晰（满分 10 分）				
		外观	干净、美观、牢固（满分 10 分）				
验收结论							
教师及学生签字							

考核与评价标准

1. 考核要求

(1)正确画出整机电路图。

(2)能够按照电路原理图焊接、调试并正确安装整机电路。

(3)能使用万用表、低频信号发生器、模拟示波器等仪器测量电路的参数。

(4)完成项目设计报告。

报告字数在 3000 字以上,手写或打印均可,但要求统一用 A4 纸,注明页码并装订成册。

报告应包括以下内容:

①项目设计报告封面。

②工作计划。

③项目背景和要求。

④要达到的能力目标。

⑤简单分析电路的工作原理。

⑥电路图,所用仪器清单,制作过程记录。

⑦电路的调试过程。

⑧电路制作、调试结果。

⑨分析制作和调试过程中出现的问题及解决情况。

⑩收获及体会。

(6)答辩时正确回答问题。

2. 考核标准

(1)优秀

①能够正确分析扩音机整机电路的工作原理,熟悉电路各部分的作用。

②具备较强的实验操作能力,基本能独立焊接、调试和安装电路。

③按时完成项目设计报告,并且报告结构完整、条理清晰,具有较好的表达能力。

④答辩 PPT 内容完整,有重点。答辩时正确回答问题,表述清楚。

⑤理论分析透彻、概念准确。

⑥能独立完成项目设计全部内容。

⑦能客观地进行自我评价、分析判断并论证各种信息。

(2)良好

达到优秀标准的①～④。

(3)合格

①对电路工作原理分析基本正确,但条理不够清晰。

②能自主搭接电路,但出现问题不能独立解决。

③按时完成项目设计报告,报告结构和内容基本完整。

(4)不合格

有下列情况之一者为不合格:

①无故不参加项目设计。

②未能按时递交操作结果或项目设计报告。

③抄袭他人的项目设计报告。

④未达到合格条件。

不合格的同学必须重做本项目。

延伸阅读

延伸阅读 D 类功放

D 类功放也叫丁类功放,是指功放管处于开关工作状态的功率放大器,也称为数字功放。A 类(甲类)功放虽然具有很高的保真度,声音最为清晰透明,但低效率和高损耗却是它无法克服的先天顽疾。B 类功放虽然效率比 A 类功放提高很多,但实际效率仍只有 50% 左右,所以,效率极高的 D 类功放,因其符合绿色革命的潮流正受着各方面的重视,并得到广泛的应用。

一、D 类功放的特点

(1)效率高

在理想情况下,D 类功放的效率为 100%(实际效率可达 90%)。B 类功放的效率为 78.5%(实际效率约 50%),A 类功放的效率才 50% 或 25%(按负载方式而定)。这是因为 D 类功放的放大元件是处于开关工作状态的一种放大模式。无信号输入时放大器处于截止状态,不耗电。工作时,靠输入信号让晶体管进入饱和状态,晶体管相当于一个接通的开关,把电源与负载直接接通。理想晶体管因为没有饱和压降而不耗电,实际上晶体管总会有很小的饱和压降而消耗部分电能。

(2)功率大

在 D 类功放中,功率管的耗电只与管子的特性有关,而与信号输出的大小无关,所以特别有利于超大功率的场合,输出功率为数百瓦。

(3)失真低

D 类功放因工作在开关状态,因而功放管的线性已没有太大意义。在 D 类功放中,没有 B 类功放的交越失真,也不存在功率管放大区的线性问题,更无需电路的负反馈来改善线性,也不需要电路工作点的调试。

（4）体积小、重量轻

D类功放的管耗很小，小功率时的功放管无须加装体积庞大的散热片，大功率时所用的散热片也要比一般功放小得多。而且一般的 D 类功放现在都有多种专用的 IC 芯片，使得整个 D 类功放电路的结构很紧凑，外接元器件很少，成本也不高。

二、D 类功放的组成与工作原理

D 类功放的电路组成可以分为三个部分：PWM 调制器、脉冲控制的大电流开关放大器、低通滤波器。电路结构组成如图 4-4 所示。

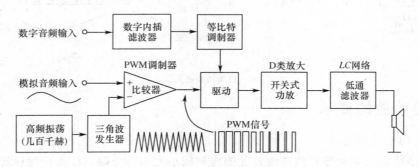

图 4-4　D 类功放的组成

第一部分为 PWM 调制器。最简单的只需用一只运放构成比较器即可完成。把原始音频信号加上一定直流偏置后放在运放的同向输入端，另外，通过自激振荡生成一个三角波加到运放的反向输入端。当同向端上的电位高于反向端三角波电位时，比较器输出为高电平，反之则输出低电平。若音频输入信号为零时，因其直流偏置为三角波峰值的 1/2，则比较器输出的高低电平持续的时间一样，输出就是一个占空比为 1∶1 的方波。当有音频信号输入时，正半周期间，比较器输出高电平的时间比低电平长，方波的占空比大于 1∶1；音频信号的负半周期间，由于还有直流偏置，所以比较器同向输入端的电平还是大于零，但音频信号幅度高于三角波幅度的时间却大为减少，方波占空比小于 1∶1。这样，比较器输出的波形就是一个脉冲宽度被音频信号幅度调制后的波形，称为 PWM（Pulse Width Modulation，脉宽调制）或 PDM（Pulse Duration Modulation，脉冲持续时间调制）波形。音频信息被调制到脉冲波形中，脉冲波形的宽度与输入的音频信号的幅度成正比。

第二部分为脉冲控制的大电流开关放大器。它的作用是把比较器输出的 PWM 信号变成高电压、大电流的大功率 PWM 信号。能够输出的最大功率由负载、电源电压和晶体管允许流过的电流来决定。

第三部分为由 LC 网络构成的低通滤波器。其作用是将大功率 PWM 波形中的声音信息还原出来。利用一个低通滤波器，可以滤除 PWM 信号中的交流成分，取出 PWM 信号中的平均值，该平均值即音频信号。但由于此时电流很大，RC 结构的低通滤波器电阻会耗能，不能采用，必须使用 LC 低通滤波器。当占空比大于 1∶1 的脉冲到来时，C 的充电时间大于放电时间,输出电平增大;窄脉冲到来时,放电时间长,输出电平减小,正好与原音频信号的幅度变化相一致,所以原音频信号被恢复出来。D类功放的工作原理如图4-5所示。

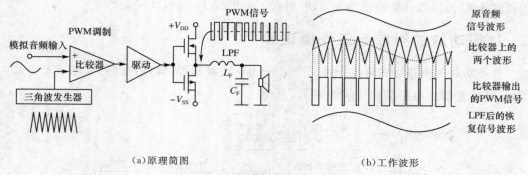

(a)原理简图　　　　　　　　　　　　(b)工作波形

图4-5　D类功放的工作原理

三、D类功放的要求

(1)对功率管的要求

D类功放的功率管要有较快的开关响应和较小的饱和压降。D类功放设计考虑的角度与AB类功放完全不同。此时功放管的线性已没有太大意义。

(2)对PWM调制电路的要求

PWM调制电路也是D类功放的一个特殊环节,要把20 kHz以下的音频调制成PWM信号,三角波的频率至少要达到200 kHz(三角波的频率应在音频信号频率的10～20倍及以上)。另外在PWM调制器中,还要注意到调制用的三角波的形状要好、频率的准确性要高、时钟信号的抖晃率要低。

(3)对低通滤波器的要求

位于驱动输出端与负载之间的无源LC低通滤波器也是对音质有重大影响的一个重要因素。实践证明,当失真要求在0.5%以下时,用二阶低通滤波器就能达到要求,如要求更高则需用四阶滤波器,这时成本和匹配等问题都必须加以考虑。

(4)D类功放的电路保护

D类功率放大器在电路上必须要有过电流保护及过热保护。此二项保护电路为D类功率集成电路或功率放大器所必备,否则将造成安全问题,甚至伤及为其供电的电源器件或整个系统。

(5)D类功放的电磁干扰

D类功率放大器必须要解决AB类功率放大器所没有的EMI(电磁干扰)问题。电磁干扰是由于D类功率放大器的功率晶体管以开关方式工作,在高速开关及大电流的状况下所产生的。所以D类功放对电源质量更为敏感。电源在提供快速变化的电流时不应产生振铃波形或使电压变化,最好用环牛变压器供电,或用开关电源供电。

参 考 文 献

[1] 熊伟林.模拟电子技术基础及应用[M].北京:机械工业出版社,2010.

[2] 刘莲青,熊伟林.现代电子技术基础[M].北京:清华大学出版社,2006.

[3] 秦曾煌.电工学(下册:电子技术)[M].北京:高等教育出版社,2004.

[4] 华永平.模拟电子技术与应用[M].北京:电子工业出版社,2010.

[5] 阎石.数字电子技术基础[M].4版.北京:高等教育出版社,2002.

[6] 康华光.电子技术基础[M].5版.北京:高等教育出版社,2006.

[7] 秦臻.电子技术基础[M].北京:高等教育出版社,2007.

[8] 许小军.电子技术实验与课程设计指导[M].南京:东南大学出版社,2004.